Vicens Vives
Educación Primaria

6.3

MATEMÁTICAS

J. Fraile Martín

aula activa

Cómo es este libro

Las actividades del libro están clasificadas según los procesos cognitivos que se trabajan:

- **Conocer:** en ellas los alumnos trabajan conceptos y procedimientos que necesitan conocer.
- **Aplicar:** en estas actividades los alumnos desarrollan la capacidad para aplicar el conocimiento a la resolución de problemas.
- **Razonar:** estas actividades van más allá de la solución de problemas de rutina para abarcar situaciones no conocidas y contextos más complejos que implican la elaboración de una estrategia de resolución y un proceso de razonamiento y reflexión.

A su vez, estas actividades son competenciales y también permiten el desarrollo de las inteligencias múltiples. Se indican con los siguientes símbolos:

Competencias clave

- Comunicación lingüística
- Competencia matemática y competencias básicas en ciencias y tecnología
- Aprender a aprender
- Conciencia y expresiones culturales
- Sentido de iniciativa y espíritu emprendedor
- Competencias sociales y cívicas
- Competencia digital

Inteligencias múltiples

- Inteligencia lingüística
- Inteligencia lógico-matemática
- Inteligencia naturalista
- Inteligencia cinético-corporal
- Inteligencia musical
- Inteligencia intrapersonal
- Inteligencia interpersonal
- Inteligencia espacial

ENTRADA DEL TEMA

Al principio de cada tema encontrarás:

- Un centro de interés, a doble página, con fotografías y curiosidades, donde podrás apreciar diversos aspectos matemáticos.
- Actividades para introducirte en los contenidos del tema.
- Preguntas para mejorar tu comprensión lectora y para compartir con los demás tus conocimientos.

INTERIOR DEL TEMA

En cada página aprenderás un contenido a través de ejemplos y con la ayuda de esquemas y dibujos.

Después, practicarás lo aprendido mediante actividades.

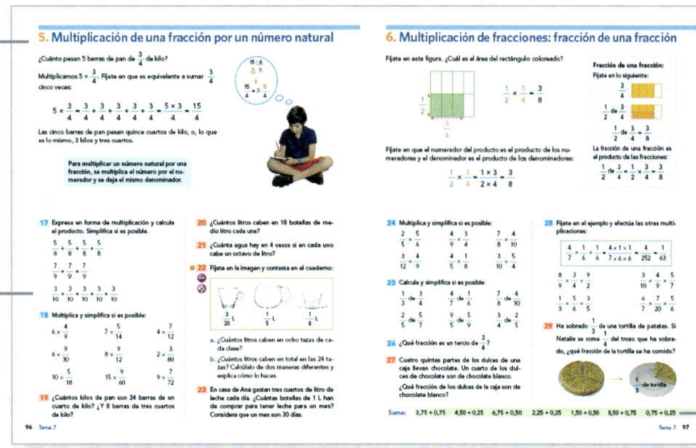

A pie de página se presentan series de operaciones que tendrás que resolver con rapidez para conseguir agilidad en el cálculo mental.

Al final de cada tema hallarás actividades para que consolides todo lo que has aprendido.

- **Practica:** ejercicios de rutina.
- **Resuelve problemas:** actividades de aplicación.
- **Profundiza:** actividades de ampliación.

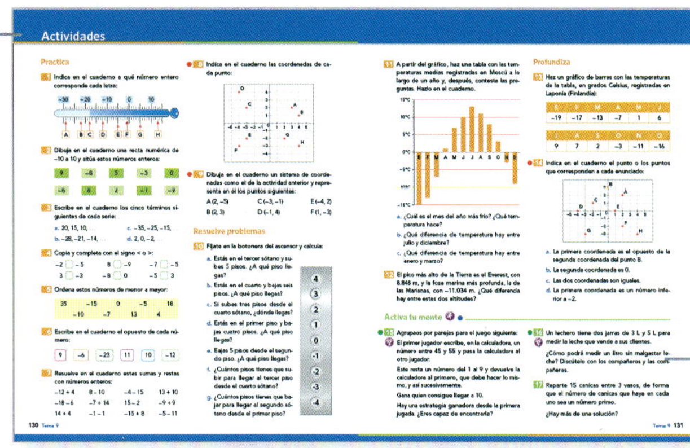

Además, pondrás a prueba tu ingenio matemático en el apartado **Activa tu mente**.

Tiching: actividades que se realizan en Internet.

En este apartado aprenderás estrategias para aumentar tu velocidad en el cálculo mental.

En este apartado repasarás y practicarás lo aprendido en temas o cursos anteriores.

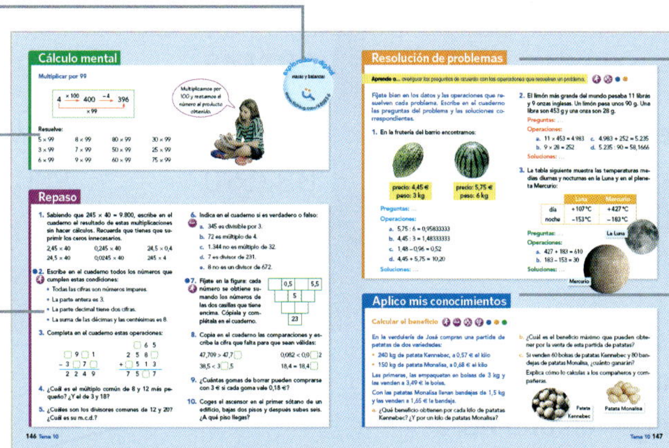

En este apartado aprenderás y pondrás en práctica estrategias de resolución de problemas.

Actividad para que desarrolles tu iniciativa y sentido emprendedor.

FINAL DE TRIMESTRE

Taller de informática

Actividades para resolver utilizando programas informáticos.

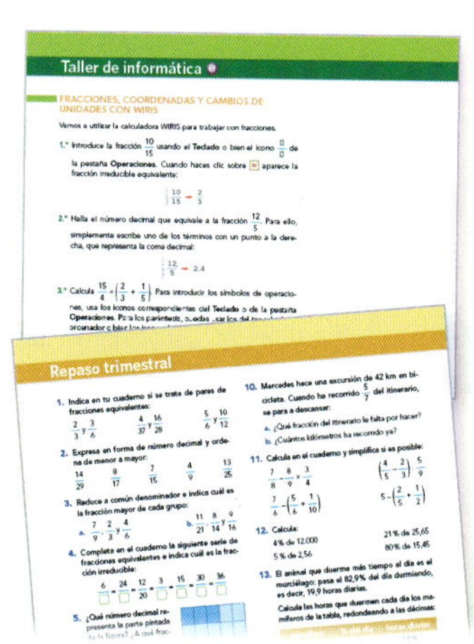

Repaso trimestral

Actividades para reforzar los contenidos estudiados.

Evalúo mis competencias

Tareas alrededor de un centro de interés para evaluar tus competencias e inteligencias múltiples.

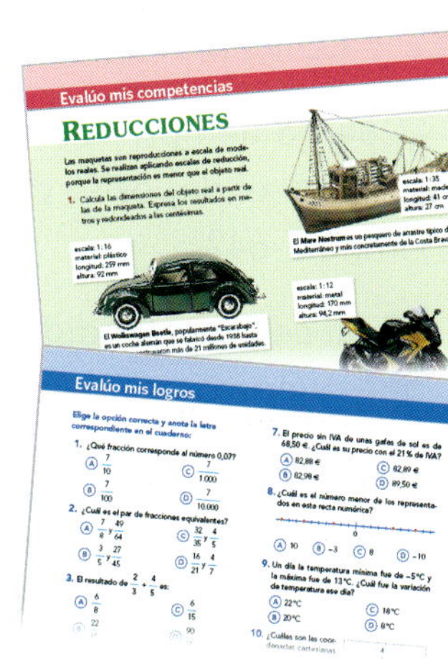

Evalúo mis logros

Actividades para evaluar tu grado de adquisición de los contenidos.

11 CAPACIDAD Y VOLUMEN

Los helicópteros convencionales se convierten en bomberos del cielo utilizando cestas flexibles o rígidas, llamadas **Bambi Bucket**. El agua la consiguen en los pantanos, los ríos, el mar o incluso en piscinas.

Capacidades de los Bambi Bucket:

modelo	galones americanos	litros
BB6072	72	273
BB8096	96	...
BB1012	120	...
BB1821	216	...
BB2226	260	...
BB3542	420	...
BB5566HD	660	...
BB7590	900	...
BBHL7600	2.010	...

1. Fíjate en la información del Bombardier 415 y haz lo siguiente:
   a. Teniendo en cuenta que 1 pie (ft) equivale a 30,48 cm, escribe de nuevo las medidas del avión expresadas en metros. Redondea a las centésimas.
   b. Sabiendo que 1 libra (lb) equivale a 453 g, escribe los pesos del avión en kilos. Redondea a las unidades.
   c. Comprueba que cuando ha descargado toda el agua ha perdido casi un tercio de su peso.

2. Un galón americano equivale a 3,785 L. Copia y completa en el cuaderno la tabla que expresa las capacidades de los Bambi Bucket en litros. Redondea a las unidades.

3. El Bambi Bucket del helicóptero de la foto es el modelo BB1821. ¿Cuál de los tres vehículos de las ilustraciones es capaz de transportar más agua? ¿Cuánta más?

4. El Bombardier 415 realiza tres descargas cada 10 min en un trabajo de extinción. ¿Cuántos hectolitros es capaz de descargar en una hora?

LEE Y COMPARTE

- ¿Cuánto tiempo necesita el Bombardier 415 para llenar el depósito de agua? ¿Y el Erickson Air-Crane S-64?
- ¿Cuál es la profundidad mínima del agua para que pueda cargar el Bombardier 415?
- ¿Has visto alguna vez uno de estos aparatos en acción? Coméntalo con los compañeros y las compañeras.

El **Erickson Air-Crane S-64** es un helicóptero enorme con un depósito capaz de cargar 9.500 L de agua en 15 s y descargarlos encima del fuego en solo 3 s. Una manguera de succión permite realizar la carga sin tener que aterrizar.

Bombardier 415

- Longitud: 65 ft
- Envergadura: 93,8 ft
- Altura: 29,2 ft
- Peso vacío: 28.400 lb
- Peso antes de descargar el agua: 47.000 lb
- Carga máxima de agua: 13.536 lb
- Velocidad máxima: 377 km/h

El **Bombardier 415** es un avión anfibio diseñado especialmente para luchar contra los incendios forestales.

El lanzamiento de 6 toneladas de agua se produce en tan solo un segundo y dos décimas, a 40 m o 50 m de altura. En ese momento, el avión se desprende de casi un tercio de su peso y ello le permite ganar altura y velocidad en muy poco tiempo.

LOS BOMBEROS DEL CIELO

Tiene capacidad para 6.132 L de agua. Llena los depósitos en solo 12 s a una velocidad de 130 km/h.

Necesita 400 m para la maniobra de aproximación, 400 m para cargar y 300 m para el despegue. La zona de seguridad reservada para la operación es de 2 km de longitud, 100 m de ancho y 2 m de profundidad de agua como mínimo.

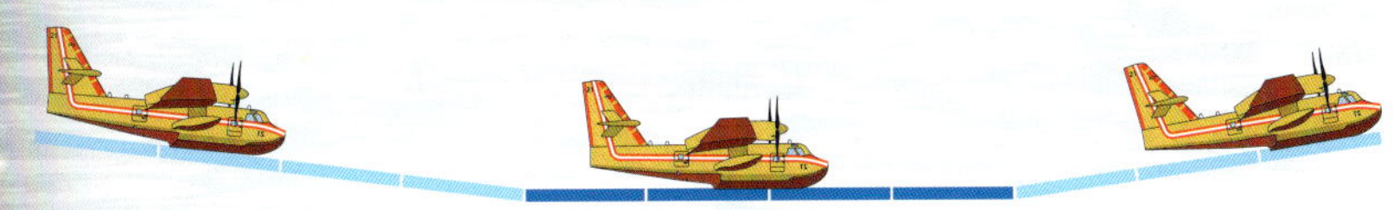

1. Unidades de capacidad

Fíjate en cuáles son los múltiplos y los submúltiplos del litro y sus equivalencias:

múltiplos				submúltiplos		
kL kilolitro	hL hectolitro	daL decalitro	L litro	dL decilitro	cL centilitro	mL mililitro

× 10 (de cada unidad a la inmediatamente inferior, de kL a mL)

: 10 (de cada unidad a la inmediatamente superior, de mL a kL)

Cada unidad es 10 veces mayor que la unidad inmediatamente inferior y 10 veces menor que la inmediatamente superior.

1 Completa en el cuaderno estas igualdades:

4 dL = … cL	50 cL = … L
250 mL = … cL	1,5 L = … dL
50 dL = … L	5 L = … mL
0,5 kL = … hL	4,8 hL = … daL
40 hL = … kL	250 daL = … kL

2 Escribe las capacidades de estos envases expresadas en mililitros:

3 Copia y completa en el cuaderno:

$\frac{3}{4}$ L = … cL $\frac{1}{2}$ L = … cL $1\frac{1}{4}$ L = … L

$\frac{1}{4}$ L = … cL $1\frac{1}{2}$ L = … L $2\frac{1}{2}$ L = … L

4 Para obtener 1 L de nata líquida se necesitan 12 L de leche entera. ¿Qué cantidad de leche entera se necesitan para obtener 25 L de nata líquida?

Expresa el resultado en hectolitros.

5 Con una garrafa de 8 L de agua hemos llenado 12 vasos de 20 cL. ¿Qué cantidad de agua queda en la garrafa?

Expresa el resultado en litros.

6 Para una fiesta de cumpleaños se han comprado 15 latas de naranjada de 33 cL cada una:

a. ¿Cuántos vasos de 250 mL se pueden llenar completamente?

b. ¿Cuánta naranjada sobrará? Expresa el resultado en la unidad que creas más adecuada.

7 Cada vez que nos duchamos, consumimos unos 95 L de agua. ¿Cuántos hectolitros de agua consumimos en un mes si nos duchamos cada día? Considera que un mes tiene 30 días.

Resta: 10 – 7,2 10 – 3,6 10 – 4,5 10 – 5,8 10 – 6,4 10 – 8,1 10 – 2,9 10 – 3,8

2. Cambios de unidades de capacidad

Fíjate en la escalera de la derecha:

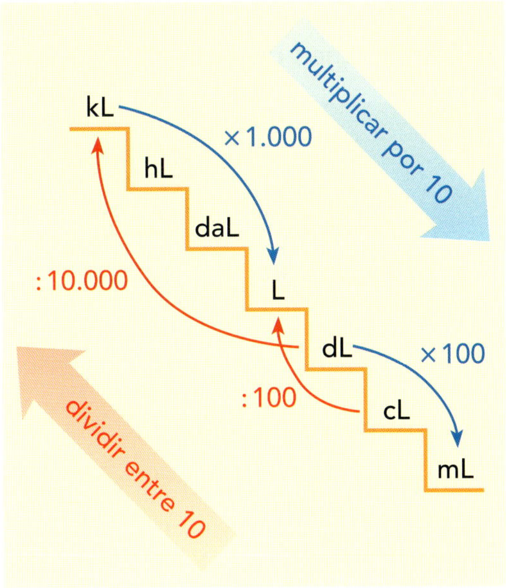

- Para pasar de una unidad a otra situada más abajo, multiplicamos por la unidad seguida de tantos ceros como posiciones bajamos:

$$15{,}3 \text{ kL} = 15{,}3 \times 1.000 \text{ L} = 15.300 \text{ L}$$

$$0{,}5 \text{ dL} = 0{,}5 \times 100 \text{ mL} = 50 \text{ mL}$$

- Para pasar de una unidad a otra situada más arriba, dividimos por la unidad seguida de tantos ceros como posiciones subimos:

$$359 \text{ cL} = 359 : 100 \text{ L} = 3{,}59 \text{ L}$$

$$250 \text{ dL} = 250 : 10.000 \text{ kL} = 0{,}025 \text{ kL}$$

8 Expresa en litros:

2 daL	5,6 kL	0,25 hL	0,3 hL
10 kL	3,1 daL	0,05 kL	25 hL
230 mL	75 dL	100 mL	33 cL

9 Copia y completa esta tabla en el cuaderno:

	kL	hL	daL	L	dL	cL	mL
6,5 hL		6	5				
41,5 dL							
380 cL							
1,7 daL							
0,08 kL							

Utiliza la tabla para expresar todas las capacidades en litros.

10 Cada 100 mL de leche contienen 120 mg de calcio. ¿Cuánto calcio hay en una botella de 1,5 L de leche? ¿Y en 10 L de leche?

Expresa los resultados en gramos.

11 Una familia formada por cuatro personas consume 134,32 kL de agua al año. ¿Cuál es el consumo medio por persona y día?

Exprésalo en la unidad que creas más adecuada.

12 Alberto tiene que tomar 3 dosis de 0,01 L de jarabe cada día. Si el frasco contiene 150 mL, ¿cuántos días le durará el frasco?

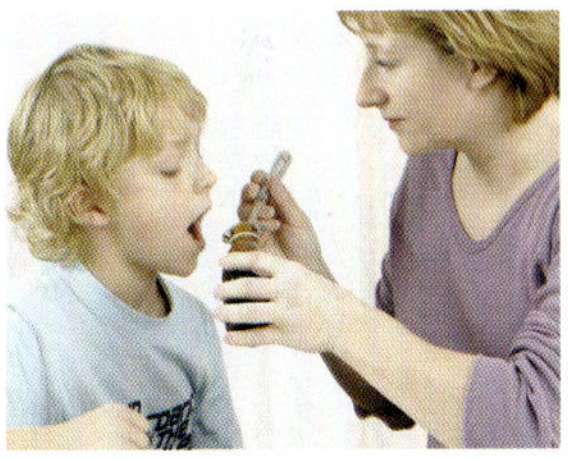

13 Un mililitro de líquido equivale a unas 20 gotas. En un recipiente hay 2,5 mL de un medicamento:

a. ¿Cuántas gotas del medicamento pueden suministrarse?

b. Si tienen que ponerse dos gotas al día hasta acabar el medicamento, ¿cuántos días durará el tratamiento?

¿Y si la dosis tiene que ser doble durante la primera semana?

Calcula el doble de: 63 58 39 1,2 6,4 8,3 20,5 13,5 41,5 23,4 2,8

3. Volumen

El **volumen** es la cantidad de espacio que ocupa un objeto. Para medirlo utilizamos unidades cúbicas:

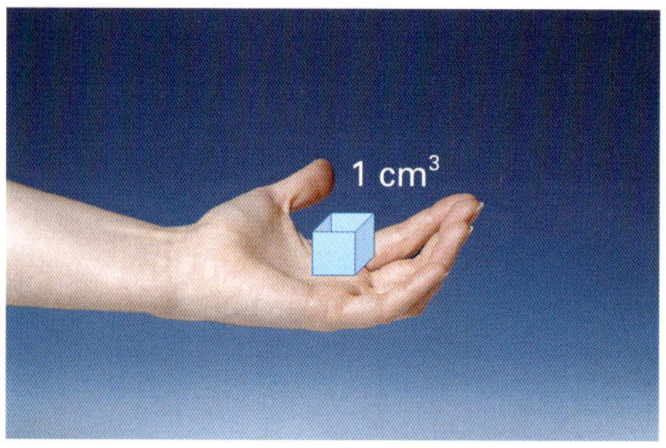

Un **centímetro cúbico (cm³)** es el volumen de un cubo de 1 cm de arista.

Un **decímetro cúbico (dm³)** es el volumen de un cubo de 1 dm de arista.

Un **metro cúbico (m³)** es el volumen de un cubo de 1 m de arista.

Las unidades de volumen son las de longitud elevadas al cubo.

14 Cada cubo mide 1 cm³ de volumen. Cuenta cuántos cubos hay en la figura A y utilízalo para calcular el volumen de la figura B:

A

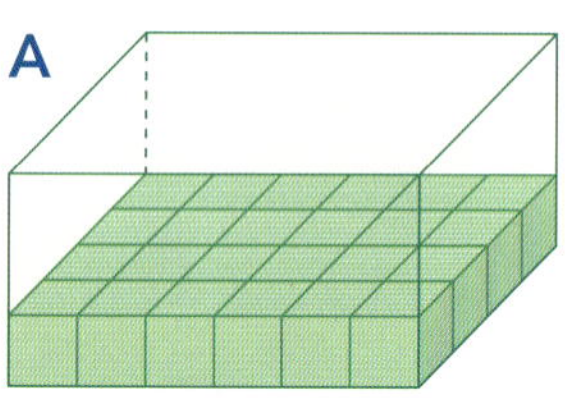

B

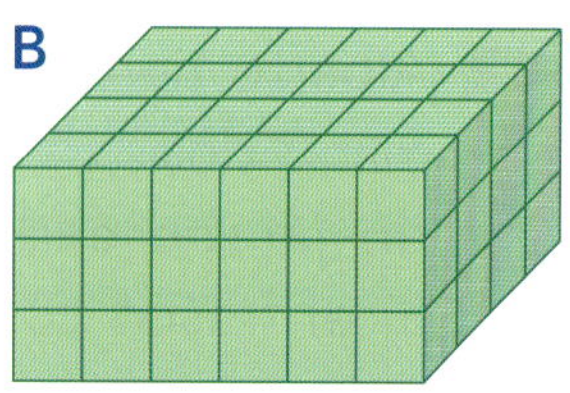

15 Si cada cubo mide 1 m³, ¿cuál es el volumen de cada figura?

a.

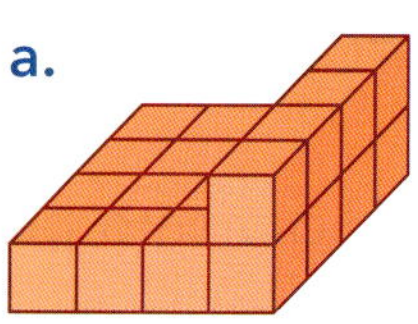

c.

b.

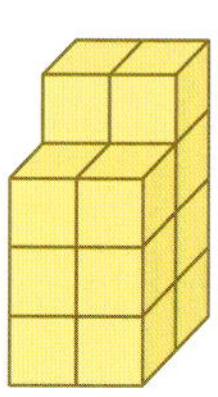

d.

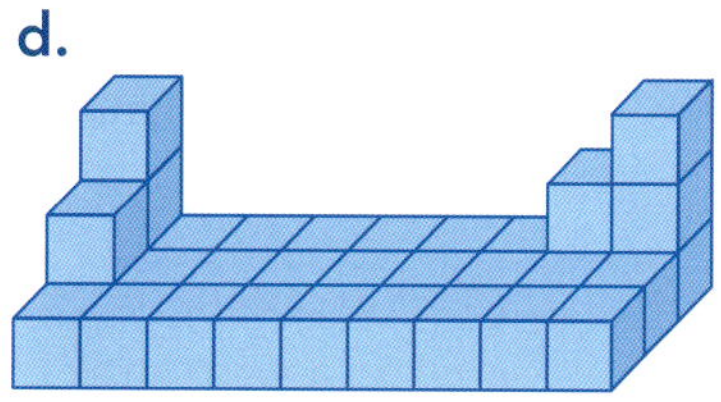

16 Fíjate en esta figura y calcula el volumen de un cubo de 4 dm de arista:

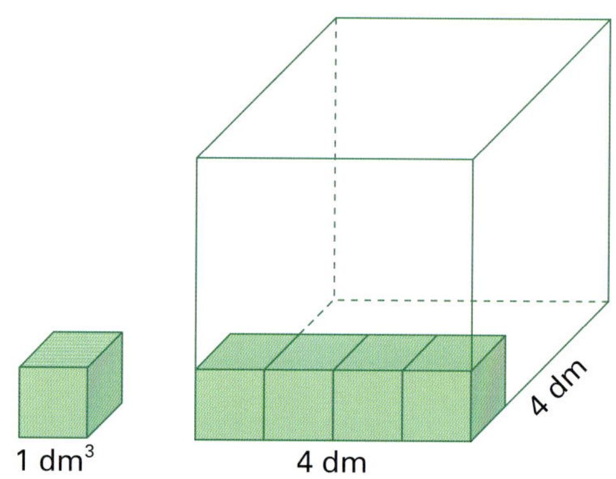

17 Di cuántos centímetros cúbicos caben en cada caja:

a.

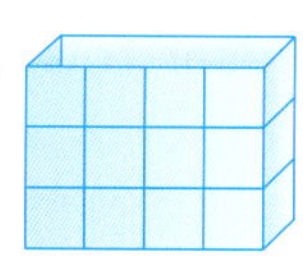

b.

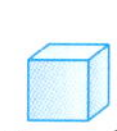

1 cm³

c.

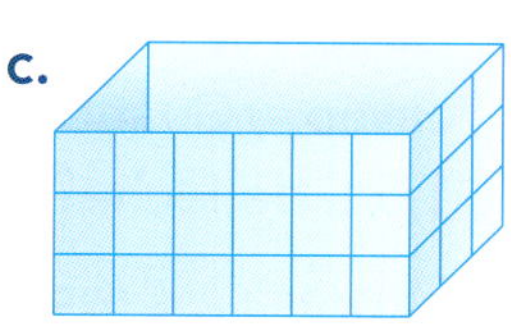

Multiplica: 4 × 5 × 7   20 × 5 × 9   40 × 2 × 10   3 × 10 × 30   5 × 20 × 7   6 × 5 × 9   8 × 5 × 7   20 × 30 × 2

4. Unidades de volumen

Fíjate en cuáles son los múltiplos y los submúltiplos del metro cúbico y sus equivalencias:

múltiplos				submúltiplos		
km^3 kilómetro cúbico	hm^3 hectómetro cúbico	dam^3 decámetro cúbico	m^3 metro cúbico	dm^3 decímetro cúbico	cm^3 centímetro cúbico	mm^3 milímetro cúbico

De izquierda a derecha: × 1.000 × 1.000 × 1.000 × 1.000 × 1.000 × 1.000

De derecha a izquierda: : 1.000 : 1.000 : 1.000 : 1.000 : 1.000 : 1.000

Cada unidad es 1.000 veces mayor que la unidad inmediatamente inferior y 1.000 veces menor que la inmediatamente superior.

18 Copia y completa estas tablas en el cuaderno:

m^3	dm^3	cm^3
2,5	…	2.500.000
…	450.000	…
…	…	850.000
0,06	…	…

km^3	hm^3	dam^3
5	…	…
…	300	…
…	…	497.000
0,91	…	…

19 Copia y completa en el cuaderno:

3,7 m^3 = … dm^3 = … cm^3 = … mm^3

60.300 mm^3 = … cm^3 = … dm^3 = … m^3

346.000 m^3 = … dam^3 = … hm^3 = … km^3

0,02 km^3 = … hm^3 = … dam^3 = … m^3

700 dm^3 = … m^3 = … dam^3 = … hm^3

20 Escribe en el cuaderno la unidad que falta en cada expresión:

1 hm^3 = 1.000.000 … 1 dm^3 = 1.000.000 …

1.000.000.000 m^3 = 1 … 1.000 hm^3 = 1 …

1 dam^3 = 1.000.000 … 1.000.000 mm^3 = 1 …

21 También puedes realizar los cambios de unidades de volumen ayudándote de una tabla. Fíjate en que cada unidad tiene tres columnas porque cada unidad es 1.000 veces mayor que la inmediatamente inferior:

dam^3			m^3			dm^3		
					0	0	5	3

53 dm^3 = 0,053 m^3

Completa estas igualdades en el cuaderno utilizando una tabla como la anterior:

1,8 m^3 = … dm^3 1.400 dam^3 = … km^3

2 cm^3 = … dm^3 5,6 hm^3 = … dam^3

68 mm^3 = … cm^3 6.000 m^3 = … km^3

5. Relación entre volumen y capacidad

El **volumen** es la cantidad de espacio que ocupa un cuerpo, y la **capacidad** es lo que cabe dentro de un recipiente.

Observa las equivalencias entre unidades de volumen y de capacidad:

Un cubo de 1 m de arista tiene una capacidad de 1.000 L.

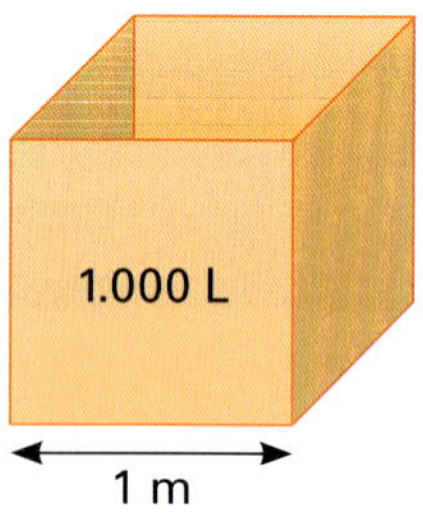

$1\ m^3 = 1.000\ L$

Un cubo de 1 dm de arista tiene una capacidad de 1 L.

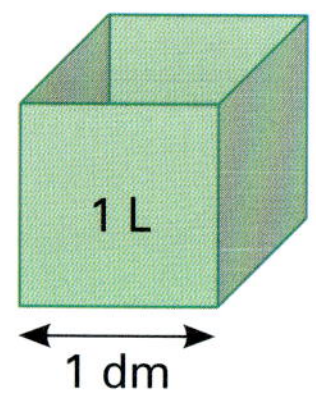

$1\ dm^3 = 1\ L$

Un cubo de 1 cm de arista tiene una capacidad de 1 mL.

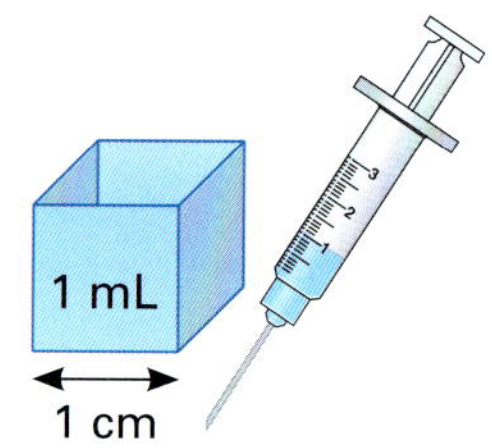

$1\ cm^3 = 1\ mL$

22 Completa estas igualdades en el cuaderno:

$10\ L = \ldots\ dm^3$

$220\ L = \ldots\ m^3$

$0,75\ cL = \ldots\ mm^3$

$150\ mL = \ldots\ mm^3$

23 Copia y completa en el cuaderno:

$5.000\ L = \ldots\ m^3$	$0,8\ m^3 = \ldots\ L$
$8\ dm^3 = \ldots\ L$	$1,5\ L = \ldots\ dm^3$
$7,5\ cm^3 = \ldots\ mL$	$50\ mL = \ldots\ cm^3$

24 Completa las igualdades siguientes en el cuaderno:

$1,5\ m^3 = \ldots\ L$	$50\ cL = \ldots\ cm^3$
$8\ daL = \ldots\ dm^3$	$20\ m^3 = \ldots\ L$
$4\ kL = \ldots\ m^3$	$10.000\ L = \ldots\ m^3$

25 Una familia consume 400 L de agua al día.

Si cada metro cúbico cuesta 1,7 €, ¿cuánto cuesta el agua consumida durante un trimestre? (Recuerda que 1 trimestre son 90 días).

26 ¿Cuál es el volumen del cubo grande? ¿Cuántos litros caben en él?

27 Ordena estas medidas de menor a mayor. Para hacerlo, exprésalas todas en mililitros.

$150\ cm^3$ 33 cL 7,5 dL 0,7 L

Calcula: 14 – 9 + 11 5 + 21 – 6 24 – 13 + 6 41 + 12 + 9 35 + 10 – 6 19 + 5 – 14

6. Cambios de unidades

¿Cuántos metros cúbicos son 7.200 L? ¿Y cuántos mililitros son 0,5 dm^3?

Para cambiar de unidades utilizamos la tabla siguiente:

kL kilolitro	hL hectolitro	daL decalitro	L litro	dL decilitro	cL centilitro	mL mililitro
7	2	0	0			
			0	5	0	0
m^3 metro cúbico			dm^3 decímetro cúbico			cm^3 centímetro cúbico

$$7.200 \text{ L} = 7,2 \text{ kL} = 7,2 \text{ m}^3 \qquad 0,5 \text{ dm}^3 = 0,5 \text{ L} = 500 \text{ mL}$$

28 Expresa las medidas siguientes en la unidad que se indica:

a. En metros cúbicos:

20 hL   4.300 L   6,5 kL   5.500 dm^3

b. En litros:

63,6 hL   4,8 m^3 2.500 mL   0,3 m^3

c. En decímetros cúbicos:

80.000 cm^3 6,5 m^3 0,07 hL   0,5 kL

29 Copia y completa en el cuaderno:

0,025 m^3 = … dm^3	3,6 dm^3 = … cm^3
7 hL 5 L = … dm^3	5 dL 3 cL = … cm^3
3 daL 4 L = … dm^3	42 cL 5 mL = … dL
2 m^3 70 dm^3 = … L	1 dm^3 90 cm^3 = … cL

30 Escribe en el cuaderno estas medidas ordenadas de menor a mayor:

7,8 daL	0,75 hL	0,25 dm^3	150 cL
0,05 kL	14,7 L	0,1 m^3	300 cm^3

31 El Dragon Dream es un zepelín experimental que tiene un volumen de 17.000 m^3. Si un camión cisterna puede transportar 35.000 L, ¿cuántos camiones cisterna se necesitan para llenar el Dragon Dream?

32 ¿Cuántos toneles de 2,2 hL pueden llenarse con 165 m^3 de vino?

33 El **barril** es la unidad que se utiliza para medir el petróleo y equivale a 158,987 L:

a. ¿Cuántos metros cúbicos de petróleo hay en 5.000 barriles?

b. La masa del petróleo que hay en un barril es de unos 125 kg. ¿Cuál es el peso aproximado de un litro de petróleo?

Actividades

Practica

1 Copia y completa en el cuaderno:

700 hL = … L = … daL = … kL

6.700 cL = … L = … daL = … hL

7.650 L = … hL = … kL = … cL

3.250 mL = … L = … cL = … daL

7,2 daL = … dL = … mL = … L

2 Escribe la unidad que falta en cada igualdad:

130 daL = 1,3 …	5.000 mL = 0,5 …
75 L = 7.500 …	46 kL = 4.600 …
56,4 hL = 56.400 …	43,9 cL = 0,439 …

3 Cambia de unidad para que desaparezcan los ceros finales en estas expresiones:

7.200 mL	8.000 cL	500 daL	250 dL
700 L	12.000 mL	5.60 hL	600 cL

4 Cambia de unidad de cada medida para que desaparezca la coma decimal:

4,50 kL	4,56 L	0,075 hL	0,05 L
125,4 daL	56,3 cL	54,79 dL	3,1 hL

5 En algunas zonas rurales todavía se utilizan medidas de capacidad muy antiguas. Fíjate en las equivalencias que se dan y completa las tablas:

Medidas de capacidad para granos	
1 fanega	55,5 L
1 celemín (1/12 de fanega)	… L
1 cuartillo (1/4 de celemín)	… L

Medidas de capacidad para vinos		
1 cántara	8 azumbres	… L
1 azumbre	4 cuartillos	… L
1 cuartillo	4 copas	… L
1 copa		0,125 L

6 Escribe estos volúmenes en la unidad indicada:

a. En decímetros cúbicos:

392 cm^3 50 cm^3 8.500.000 mm^3 0,5 m^3

b. En metros cúbicos:

5,8 dam^3 4.700 dm^3 750.000 cm^3 2,6 hm^3

7 Ordena los volúmenes siguientes de menor a mayor:

72.000.000 mm^3 3.500 dm^3 1,8 m^3 215 cm^3

8 Copia y completa las equivalencias en el cuaderno:

0,5 m^3 = … L 7,5 hL = … dm^3 2,8 dm^3 = … cL

9 Expresa en centímetros cúbicos:

18 L 7 hL 75 cL 700 mL 8 dL 4,2 daL

Resuelve problemas

10 ¿Cuántas cucharillas de 2 mL necesitamos para llenar un recipiente de 2 L?

11 Una familia formado por cuatro personas consume 134,32 kL de agua al año. ¿Cuál es el consumo medio, en litros, por persona al día? (Considera que 1 año son 365 días.)

12 La arroba es una unidad de capacidad antigua que todavía sigue utilizándose en zonas rurales para medir aceite y que equivale a 12,5 L.

Un agricultor ha producido 480 arrobas de aceite. ¿Cuántas botellas de 2 L pueden envasarse?

13 En Estados Unidos, para expresar la capacidad de los frascos de colonia, se utiliza la onza fluida (FL.OZ).

Si 1 FL.OZ = 29,57 mL, ¿son correctas las equivalencias que hay en estos envases?

14 El *Seawise Giant*, el mayor petrolero que se ha construido, podía transportar 658.362 m^3 de líquido. Las cataratas del Niágara tienen un caudal de 2.800.000 litros por segundo.

¿Cuánto tardarían las cataratas del Niágara en llenar el petrolero *Seawise Giant*?

15 Una persona adulta inspira 500 mL de aire unas 12 veces por minuto:

a. ¿Cuántos litros inspira en un minuto? ¿Y en una hora? ¿Y en un día?

b. Calcula el aire inspirado en un año y expresa el resultado en la unidad más adecuada.

16 En EE. UU. se utiliza todavía con mucha frecuencia, para medir volúmenes de líquidos, una unidad tradicional denominada galón.

Un galón equivale, aproximadamente, a 3,78 L. ¿A cuántos metros cúbicos equivalen 5.000 galones?

Profundiza

17 Escoge la unidad más adecuada para medir el volumen de cada elemento y escríbela en el cuaderno:

a. Caja de zapatos

cm^3 m^3 L

b. Cazo

mm^3 mL dm^3

c. Piscina olímpica

dm^3 L m^3

18 El volumen de aire caliente de un globo aerostático es de 3 dam^3 680 m^3 y el de otro es de 2.250.500 dm^3. ¿Cuál es la diferencia en metros cúbicos entre los dos volúmenes?

Activa tu mente

19 Begoña, Natalia y María son amigas. Natalia dice: "Las tres llevamos sombrero. Uno es negro, otro es blanco y otro es marrón, pero ninguna lleva el del color cuya inicial coincide con la inicial de su nombre". "Es cierto, no me había fijado", contesta la del sombrero blanco.

Indica qué sombrero lleva cada una. ¿Hay más de una solución?

20 La suma de las edades de cuatro amigos es de 54 años. ¿Cuál será la suma de sus edades dentro de 15 años?

21 Juan tiene que descubrir en cuál de las cajas, A, B o C, hay un tesoro. Cada caja tiene un mensaje, pero solo uno dice la verdad. ¿Dónde está el tesoro?

Pista: si el tesoro está en A, entonces el mensaje de B es cierto, y el de C es .... Continúa con esta forma de razonar.

Cálculo mental

Multiplicar por 101

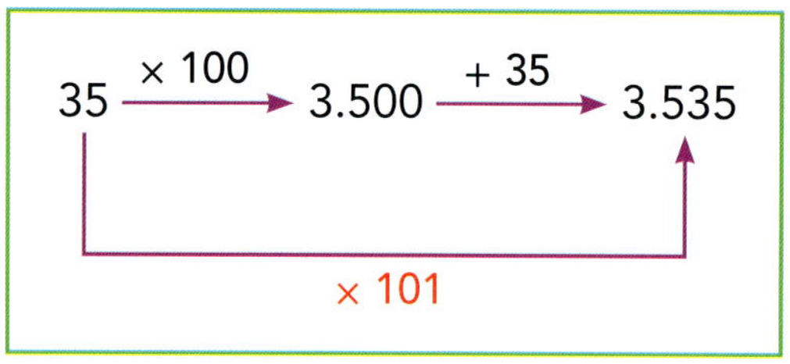

exploradoR@digital
El volumen y la capacidad
www.tiching.com/686636

Resuelve:

24 × 101	63 × 101	94 × 101	420 × 101	132 × 101
18 × 101	58 × 101	60 × 101	380 × 101	254 × 101
46 × 101	72 × 101	30 × 101	560 × 101	621 × 101

Repaso

1. José ha comido dos tercios de un pastel, y Ramón, un cuarto del mismo pastel:

- **a.** ¿Qué fracción de pastel han comido entre los dos?
- **b.** ¿Qué fracción de pastel sobra?
- **c.** ¿Quién ha comido más pastel: José o Ramón?

2. Copia y escribe en el cuaderno el signo <, > o = según corresponda:

$\frac{7}{9} \square \frac{5}{9}$ $\frac{7}{4} \square \frac{5}{4}$ $\frac{3}{9} \square \frac{1}{3}$

$\frac{2}{9} \square \frac{2}{5}$ $\frac{8}{7} \square \frac{7}{8}$ $\frac{8}{12} \square \frac{2}{3}$

3. Resuelve en el cuaderno:

35,96 + 185,728 206,305 – 38,78

27,684 × 9,3 221 : 8,5

4. ¿Cuál será el precio de unos pantalones que costaban 45 € si los rebajan un 15 %?

5. La tinta para la impresora vale 36,25 €, más el 21 % de IVA. ¿Cuál es el precio total?

6. Dibuja en el cuaderno un sistema de coordenadas cartesianas y representa estos puntos:

A (–1, 3) B (0, –5) C (–2, –4) D (6, 0)

7. El **Salar de Uyuni** (Bolivia) es el mayor desierto de sal del mundo, con 10.582 km² de superficie. Anualmente se extraen 25.000.000 kg de sal.

- **a.** ¿Cuántas toneladas de sal se extraen al día? Redondea el resultado a las centésimas.
- **b.** La Comunidad Autónoma de La Rioja tiene una superficie de 504.500 ha. ¿El Salar de Uyuni es mayor o menor que dos veces la superficie de La Rioja? ¿Cuánto?

Resolución de problemas

Aprende a... buscar soluciones por tanteo.

Resolved en grupo las cuestiones que se plantean a continuación. Utilizad el método de tanteo: plantead una solución inicial y modificadla según se ajuste o no a lo que pide el problema.

1. Haced la construcción de la figura siguiente con las 6 fichas de dominó correspondientes. Fijaos en que todas las filas suman 10.

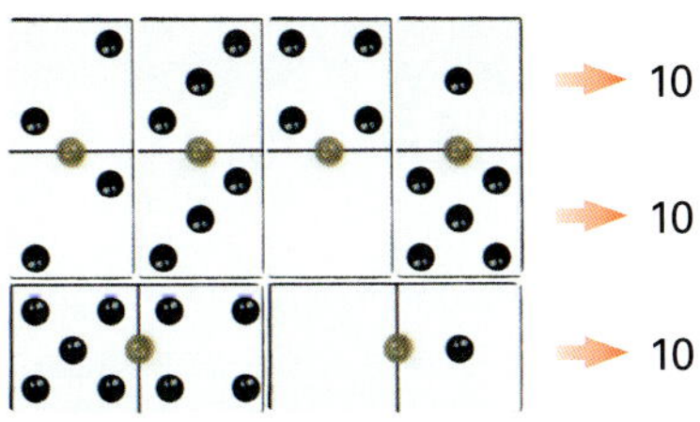

a. Haced una nueva construcción con 6 fichas de dominó de manera que la suma sea 12 en las tres filas.

b. Conseguid ahora una construcción en la que las filas sumen 14.

c. ¿Podéis conseguir una construcción de 6 fichas cuyas filas sumen 18? ¿Y 20?

d. ¿Cuál es el número mayor que podéis conseguir de forma que las tres filas sumen lo mismo? ¿Y el menor?

2. Construid un cuadrado mágico con las 4 fichas de dominó que se muestran en la figura. Observad que los puntos de todos los lados suman 10.

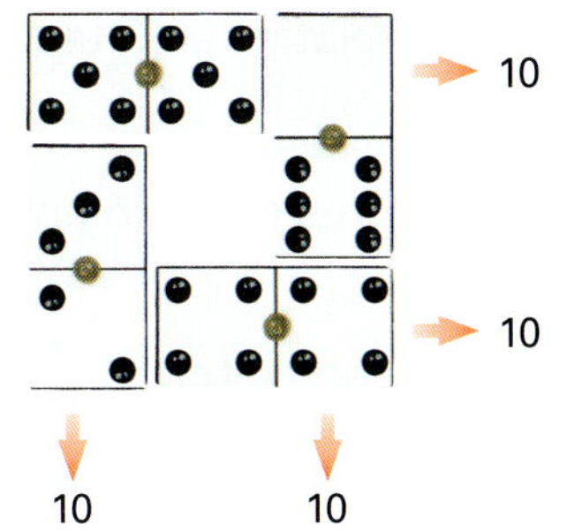

a. Con el resto de las fichas construid otros dos cuadrados cuyos lados también sumen 10.

b. Utilizad cuatro de las fichas siguientes para construir un cuadrado cuyos lados sumen 3:

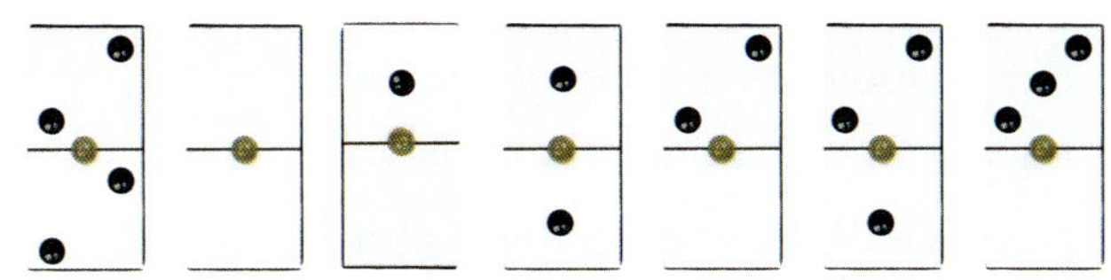

¿Podéis conseguir un cuadrado cuyos lados solo sumen 2?

c. ¿Es posible conseguir un cuadrado cuyos lados sumen más de 15?

Aplico mis conocimientos

Calcular rendimientos agrícolas

José tiene un terreno de 15 ha que dedica al cultivo de uva tempranillo. Cada hectárea produce 6.500 kg de uva, y con 100 kg de uva se producen 70 L de vino. Formad grupos y resolved:

a. ¿Cuántos hectolitros de vino se pueden elaborar?

b. Con la producción máxima, José vende el vino a 4,50 € el litro. ¿Cuáles son sus ingresos máximos?

c. Si por la plaga de un insecto se ha malogrado el 18 % del viñedo, ¿a cuánto debería vender José el litro de vino para obtener los mismos ingresos?

12 SISTEMA SEXAGESIMAL

1. Lee la información relativa al Rutan Voyager y responde:
   a. ¿Cuántos kilómetros recorrió aproximadamente?
   b. ¿Qué día y a qué hora aterrizó?
   c. ¿Cuántos kilos de combustible le quedaban al aterrizar?
2. Halla el tiempo total del viaje del Concorde. Explica cómo haces los cálculos. ¿Qué día y a qué hora aterrizó el Concorde de nuevo en Lisboa?
3. Para calcular los días que tardó en dar la vuelta al mundo el GlobalFlyer hemos hecho esta división:

   $$\begin{array}{r|l} 67 & 24 \\ \hline 19 & 2 \end{array}$$

   ¿Qué significa el cociente y el resto de la división? ¿Qué día y a qué hora aterrizó sabiendo que 2005 no fue bisiesto?
4. Lee la información relativa al Earthrace y contesta:
   a. ¿Qué día y a qué hora terminó el Earthrace el viaje alrededor del mundo?
   b. Luis dice que el protagonista de la novela de Julio Verne "La vuelta al mundo en 80 días" necesitó unos 20 días más que el Earthrace para dar la vuelta al mundo. Marta dice que solo necesitó unos 19 días más. ¿Quién hace una estimación más correcta?

LEE Y COMPARTE

- ¿Qué avión volaba más alto: el Rutan Voyager o el GlobalFlyer?
- ¿Qué significa *biodiesel*?
- ¿Cuál de todos los vehículos consumió más combustible?

Rutan Voyager

El Rutan Voyager fue el primer avión en volar alrededor del mundo sin escalas y sin repostar.

Despegó el 14 de diciembre de 1986 a las 8.01 h. Necesitó una pista de 4.600 m de longitud en el desierto de Mojave (EE. UU.). Aterrizó en el mismo lugar 216 h 3 min 44 s más tarde.

La velocidad media del vuelo fue de 187 km/h y viajó a una altitud de unos 3.350 m.

En el momento del despegue llevaba 3.200 kg de combustible. Al aterrizar, solo quedaba un 1,5 % de ese combustible.

GlobalFlyer

En 2005, Steve Fossett consiguió dar la vuelta al mundo volando en solitario sin hacer escalas ni reponer combustible.

El GloblalFlyer despegó de Salina (EE. UU.) el lunes 28 de febrero a las 18.47 h y aterrizó 67 h 1 min 10 s más tarde en el mismo lugar, después de recorrer 36.895 km. Voló a unos 15.000 m de altura y consumió 8.200 kg de combustible.

Concorde

Estableció la vuelta al mundo más rápida hacia el oeste en menos de 33 h. Salió de Lisboa a las 7 de la mañana del día 12 de octubre de 1992. Hizo seis escalas para repostar combustible en Santo Domingo, Acapulco, Honolulu, Guam, Bangkok y Baréin. Necesitó 506 t de combustible. El tiempo de vuelo sumó 23 h 10 min 44 s y el tiempo de las escalas, 9 h 38 min 19 s.

Earthrace

Dio la vuelta la mundo en 60 días, 23 horas y 49 minutos.

Earthrace es un bote trimarán de 78 pies de longitud. Su objetivo era romper el récord de circunnavegación del globo terráqueo usando solo biodiesel, es decir, combustible obtenido del maíz, el trigo, la soja y el aceite usado. Necesitó 142.200 kg de biodiesel. El viaje se inició en Sagunto a las 14.35 h del 27 de abril de 2008.

1. De la expresión incompleja a la compleja

El 2 de noviembre de 2014 se celebró la 44.ª edición del Maratón de Nueva York. El ganador fue el keniata Wilson Kipsang, con un tiempo de 7.859 s.

Veamos cómo se obtiene la expresión compleja de este tiempo. Recuerda que 1 h son 60 min y que 1 min son 60 s:

Dividiendo los segundos entre 60, se obtienen minutos.

Dividiendo los minutos entre 60, se obtienen horas.

```
7859 s |60
185     130 min |60
 059 s   10 min  2 h
```

El ganador hizo un tiempo de 2 h 10 min 59 s.

Fíjate en que la expresión compleja está formada por el cociente de la última división y los restos de ambas.

1 Copia y completa en el cuaderno:

195 min = … h … min

412 s = … min … s

80 min = … h … min

8.136 s = … h … min … s

3.715 s = … h … min … s

2 Relaciona las expresiones de tiempo que son equivalentes. Hazlo en el cuaderno.

1.845 s	1 h 45 min 45 s
6.345 s	30 min 45 s
3.645 s	1 h 45 s

3 Fernando Alonso ganó el Gran Premio de España de 2013 con un tiempo de 5.956 s. Escribe el tiempo en horas, minutos y segundos.

4 En partido más largo de la historia del tenis se disputó en el Trofeo de Wimbledon de 2010 entre John Isner y Nicolas Mahut. Duró 665 min.

Expresa el tiempo en horas y minutos.

5 Un partido de la NBA tiene cuatro tiempos de 12 min cada uno:

a. Un jugador ha jugado 27 partidos enteros. ¿Cuántas horas y minutos ha jugado?

b. Pau Gasol jugó un total de 1.860 min la temporada 2013-2014. ¿Cuántas horas y minutos jugó? ¿A cuántos partidos completos equivale?

2. Sumas con medidas de tiempo

¿Cuál es la duración total del viaje de Valencia a Sevilla?

Sumamos 52 min y 2 h 58 min:

	52 min
+ 2 h	58 min
2 h	110 min

2 h → 2 h; 110 min → 60 min + 50 min

2 h → 2 h; 60 min → 1 h; 50 min → 50 min

2 h + 1 h → 3 h; 50 min → 50 min

La duración total del viaje es de 3 h 50 min.

Para **sumar** dos **medidas de tiempo** en forma compleja, las colocamos en columna y sumamos. Si los minutos o los segundos suman más de 60, los pasamos a la unidad inmediatamente superior.

6 Copia en el cuaderno estas sumas con medidas de tiempo y hazlas:

45 min 32 s
+ 26 min 49 s

3 h 37 min 40 s
+ 48 min 52 s

3 h 58 min
+ 1 h 30 min

2 h 57 min 28 s
+ 5 h 2 min 45 s

7 Juan coge el tren y el autobús para ir a casa de un amigo. El trayecto en tren dura 57 min. Después debe esperar el autobús durante 15 min. El trayecto en autobús dura 12 min:

a. ¿Cuánto tiempo invierte en el viaje?

b. Si sale de su casa a las 11.35 h, ¿a qué hora llegará a la casa de su amigo?

8 John Glenn fue el primer astronauta estadounidense en orbitar alrededor de la Tierra. El vuelo duró 4 h 55 min.

Si despegó a las 9.47 h, ¿a qué hora regresó a la Tierra?

9 El ganador del Giro de Italia 2014, Nairo Quintana, invirtió 88 h 14 min 32 s en recorrer los 3.447 km de la carrera.

El clasificado en la posición 122, Marco Canola, necesitó 3 h 56 min 43 s más que el ganador.

¿Cuánto tiempo invirtió Marco Canola en completar la carrera?

10 Un tren nocturno sale de Berlín a las 22.15 h y llega a París 11 h 46 min más tarde. ¿A qué hora llega a París? Explica cómo lo calculas.

Calcula: $\sqrt{36}$ $\sqrt{64}$ $\sqrt{9}$ $\sqrt{81}$ $\sqrt{16}$ $\sqrt{25}$ $\sqrt{4}$ $\sqrt{49}$ $\sqrt{100}$

3. Restas con medidas de tiempo

¿Cuál es la diferencia de duración de los dos viajes?

Barcelona-Tánger: 32 h 19 min
Barcelona-Génova: 19 h 37 min

32 h	19 min	32 h	19 min	31 h	79 min
– 19 h	37 min	– 19 h	37 min	– 19 h	37 min
				12 h	42 min

(– 1 h; + 60 min)

De 19 min no podemos restar 37 min. Pasamos 1 h a minutos (1 h = 60 min).

La diferencia es de 12 h 42 min.

Para **restar** dos **medidas de tiempo** en forma compleja, las colocamos en columna y restamos. Si es necesario, convertimos antes, en el minuendo, 1 min a segundos o 1 h a minutos.

11 Copia en el cuaderno estas restas con medidas de tiempo y hazlas:

48 min 5 s – 32 min 42 s	3 h 25 min 10 s – 2 h 48 min 30 s
2 h 32 min – 45 min	4 h 25 min – 1 h 31 min 20 s

12 Haz estas restas en el cuaderno:

15 h 24 min – 4 h 39 min 12 s

1 h 12 min 35 s – 44 min 56 s

8 h 12 min – 3 h 52 min 37s

13 El AVE de Madrid a Córdoba sale a las diez y media de la mañana y llega a Córdoba a las 12.12 h. ¿Cuánto dura el viaje?

14 Un ferry sale de Valencia a las 22.46 h y llega a Palma de Mallorca a las 7 de la mañana. ¿Cuánto dura el viaje?
Explica cómo lo has resuelto.

15 Una carrera ciclista ha empezado a las 12.30 h y ha terminado a las 17.16 h. ¿Cuánto ha durado?

16 Si un avión ha despegado a las 23.27 h y ha aterrizado a la 1.12 h, ¿cuánto ha durado el viaje? Explica cómo lo calculas.

17 Fíjate en la tabla y calcula la duración del día solar el 21 de junio y el 21 de diciembre. ¿Qué día es más largo? ¿Cuánto más?

día	salida del Sol	puesta del Sol
21-6	6.45	21.49
21-12	8.35	17.52

4. Husos horarios

De acuerdo con una convención internacional, la Tierra se ha dividido en 24 franjas imaginarias, llamadas **husos horarios**, que establecen el horario de los diferentes países:

18 En Buenos Aires son las 9 de la mañana. ¿Qué hora es en París?

19 En Moscú son las 5 de la tarde. ¿Qué hora es en Los Ángeles?

20 Localiza Tokio (Japón) y Lima (Perú) en el mapa de los husos horarios y di qué hora es en Tokio cuando en Lima son las 12.00 h.

21 En las zonas del mapa pintadas de amarillo, la diferencia horaria respecto del huso 0 no es un número entero de horas.

Por ejemplo, la diferencia horaria en Bombay es de + 5 h 30 min.

Indica en tu cuaderno qué hora es en Bombay cuando los relojes de Madrid marcan estas horas:

22 Fíjate en esta tabla de horarios y contesta en el cuaderno:

vuelo	hora de salida	duración del viaje
París – Bombay	7.45	11 h 30 min
Moscú – Río de Janeiro	8.55	13 h 15 min
París – Buenos Aires	7.00	12 h 15 min
Madrid – San José	11.40	11 h 10 min
París – Los Ángeles	7.45	14 h

a. ¿Cuál es la hora de llegada para cada vuelo (hora local de la ciudad de destino)?

b. Si el vuelo París-Los Ángeles lleva un retraso de 35 min, ¿a qué hora llegará?

Calcula: 3^2 6^2 9^2 2^2 7^2 5^2 8^2 4^2 10^2 1^2

5. Unidades de medida de ángulos

La unidad de medida de ángulos es el **grado**.

Un grado es la medida de cada uno de los ángulos que resultan de dividir un ángulo recto en 90 partes iguales.

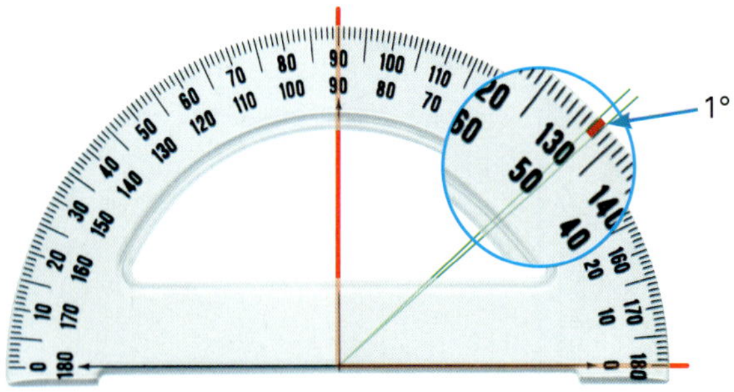

Para medir ángulos pequeños, se utilizan el **minuto** (′) y el **segundo** (″):

1° = 60′ 1′ = 60″

Recuerda:

El esquema para pasar de unas unidades a otras es:

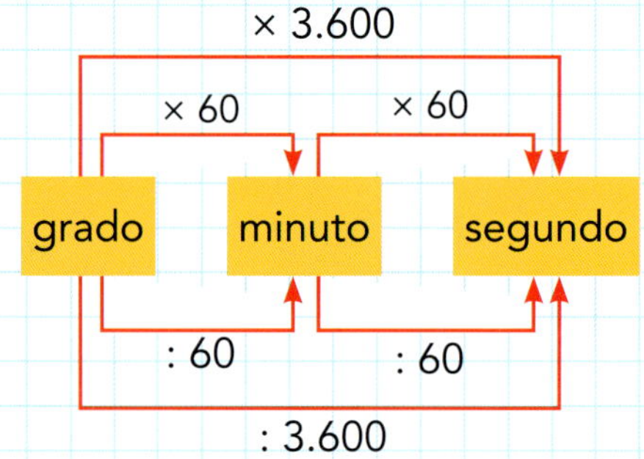

23 Copia y completa en el cuaderno las siguientes igualdades:

14° = …′ = …″ …° = …′ = 306.000″

…° = …′ = 68.400″ …° = 6.720′ = …″

…° = 2.880′ = …″ 136° = …′ = …″

24 Expresa en minutos en el cuaderno:

160° 15′ 67° 45′ 32° 5′

56° 18′ 113° 25′ 99° 21′

25 Expresa en segundos en el cuaderno:

42′ 16″ 210′ 24″ 34° 15″

18° 45′ 12″ 65° 58″ 41° 43′ 18″

26 Expresa, en el cuaderno, en grados, en minutos y en segundos la medida de:

a. un ángulo recto

b. un ángulo llano

c. un ángulo completo

27 ¿Qué ángulo barre la aguja minutera de un reloj en cinco minutos? ¿Y en veinte? Expresa los resultados en minutos y en segundos.

28 ¿Qué ángulo tiene mayor amplitud: 3.795′ o 228.300″?

29 Una mala postura delante del ordenador puede provocar dolores de espalda, tendinitis u otros problemas musculares.

Para una buena postura, el valor de $\hat{A}$ debe ser 90°, el de $\hat{B}$ ha de estar comprendido entre 90° y 110°, y el de $\hat{C}$, entre 80° y 90°:

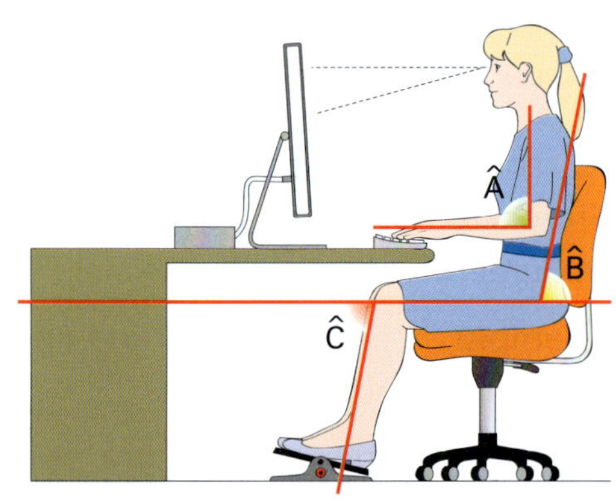

Indica qué valores de $\hat{A}$, $\hat{B}$ y $\hat{C}$ corresponden a una buena postura:

a. $\hat{A}$ = 5.400′ $\hat{B}$ = 6.660′ $\hat{C}$ = 5.040′

b. $\hat{A}$ = 324.000″ $\hat{B}$ = 378.000″ $\hat{C}$ = 313.200″

c. $\hat{A}$ = 5.400′ $\hat{B}$ = 5.870′ 52″ $\hat{C}$ = 5.130′ 20″

6. Expresiones complejas e incomplejas

La torre de Pisa está inclinada 239′ respecto de la vertical. ¿Cuántos grados y minutos son?

Dividimos 239′ entre 60:

$$\begin{array}{r|l} 239' & 60 \\ \hline 59' & 3° \end{array}$$

sobran 59 minuts — 3 grados completos

La torre está inclinada 3° 59′ respecto de la vertical.

forma incompleja (una sola unidad)		forma compleja (más de una unidad)
239′	→	3° 59′

30 Copia esta tabla en el cuaderno y complétala:

forma compleja	forma incompleja (′)	forma incompleja (″)
120° 10′	…	…
18° 30′ 20″	…	…
33° 55″	…	…
55′ 49″	…	…

31 Las torres Kio de Madrid tienen una inclinación de 858′ respecto de la vertical. Expresa esta medida en grados y minutos.

32 Expresa en grados y minutos estas medidas de ángulos. Hazlo en el cuaderno.

954′ 1.028′ 729′

456′ 3.098′ 998′

33 Expresa en minutos y segundos estas medidas de ángulos. Hazlo en el cuaderno.

2.955″ 693″ 1.541″

972″ 2.040″ 765″

34 Ordena estos ángulos según su amplitud, de menor a mayor:

$\hat{A}$ = 2.100′ $\hat{B}$ = 34° 59′ $\hat{C}$ = 120.060″

35 Indica cuál de estas medidas es equivalente a 20.575″:

6° 42′ 05″ 5° 43′ 05″ 5° 42′ 55″

36 Indica cuál de estas medidas es equivalente a 12° 21′ 16″:

1.996″ 44.476″ 44.486″

Efectúa: (12 + 8) : 5 (25 – 10) : 3 (90 – 80) × 6 5 × 6 : 3 (10 – 6) × 5 (8 + 3) × 4

7. Sumas con medidas de ángulos

Para sumar dos medidas angulares en forma compleja, lo hacemos como en el caso de las medidas de tiempo. Fíjate:

135°	45′	13″
+ 34°	32′	29″
169°	77′	42″

77′ → 60′ + 17′; 60′ → 1°

169° + 1° = 170° 17′ 42″

Para **sumar** dos **medias de ángulos** en forma compleja, las colocamos en columna y sumamos. Si los minutos o los segundos suman más de 60, los pasamos a la unidad inmediatamente superior.

37 Copia y calcula en el cuaderno:

27° 13′ + 19° 48′	34° 57′ + 26° 42′	17° 23′ + 44° 46′
14′ 27″ + 40′ 25″	8′ 11″ + 22′ 57″	42′ 28″ + 27′ 32″

38 Copia y calcula en el cuaderno:

20° 13′ 45″ + 17° 26′ 37″	8° 50′ 47″ + 7° 27′ 13″
12° 48′ 19″ + 27° 15′ 21″	10° 38′ 45″ + 12° 27′ 32″
21° 18′ 51″ + 13° 24′ 34″	30° 33′ 28″ + 42° 26′ 43″

39 ¿Qué par de ángulos suman un ángulo llano?

115° 35″	119° 14′ 45″
64° 59′ 25″	110° 15′ 45″

40 Mide los ángulos de este triángulo y los de este cuadrilátero y haz lo siguiente:

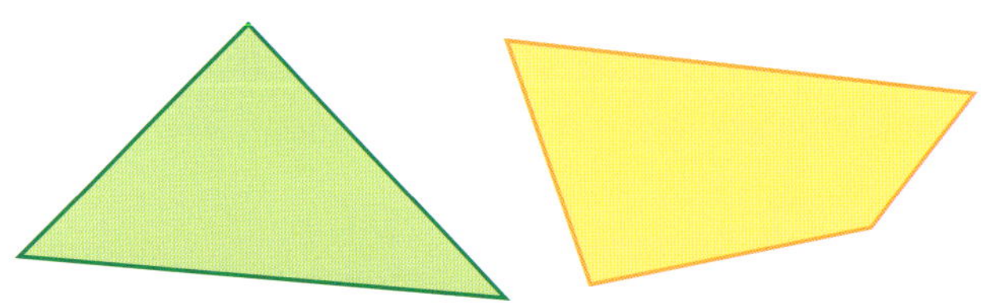

a. Comprueba que los ángulos del triángulo suman 180°.

b. Comprueba que los ángulos del cuadrilátero suman 360°.

c. Razona por qué la suma de los ángulos de cualquier cuadrilátero es 360°.

41 Dos avionetas parten de un aeropuerto siguiendo rutas que forman ángulos de 23° 36′ y 42° 3′ con la dirección Norte como muestra la figura.

¿Qué ángulo determinan las dos rutas?

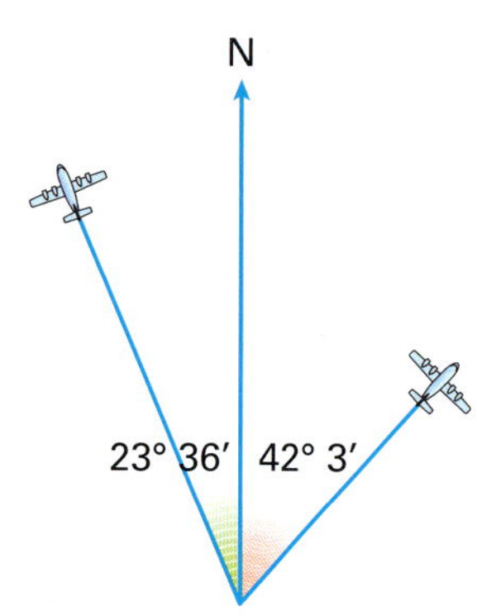

8. Restas con medidas de ángulos

La resta de medidas angulares también se hace de la misma manera que la resta de medidas de tiempo.

Observa cómo efectuamos la resta 42° 21′ – 15° 32′:

$$\begin{array}{rr} 42^\circ & 21' \\ -\,15^\circ & 32' \\ \hline \end{array} \rightarrow \begin{array}{rr} 42^\circ & 21' \\ -\,15^\circ & 32' \\ \hline \end{array} \xrightarrow{-1^\circ,\ +60'} \begin{array}{rr} 41^\circ & 81' \\ -\,15^\circ & 32' \\ \hline 26^\circ & 49' \end{array}$$

Para **restar** dos **medias de ángulos** en forma compleja, las colocamos en columna y restamos. Si es necesario, convertimos previamente, en el minuendo, 1′ a segundos o 1° a minutos.

42 Copia y efectúa en tu cuaderno las restas siguientes:

$$\begin{array}{rr} 69^\circ & 25' \\ -\,23^\circ & 37' \\ \hline \end{array} \qquad \begin{array}{rr} 86^\circ & 15' \\ -\,29^\circ & 35' \\ \hline \end{array} \qquad \begin{array}{rr} 128^\circ & 47' \\ -\,29^\circ & 50' \\ \hline \end{array}$$

$$\begin{array}{rr} 46' & 42'' \\ -\,26' & 56'' \\ \hline \end{array} \qquad \begin{array}{rr} 94' & 29'' \\ -\,19' & 30'' \\ \hline \end{array} \qquad \begin{array}{rr} 72' & 37'' \\ -\,9' & 42'' \\ \hline \end{array}$$

43 Copia y efectúa en tu cuaderno las restas siguientes:

$$\begin{array}{rrr} 42^\circ & 48' & 33'' \\ -\,8^\circ & 53' & 16'' \\ \hline \end{array} \qquad \begin{array}{rrr} 118^\circ & 46' & 36'' \\ -\,115^\circ & 31' & 48'' \\ \hline \end{array}$$

$$\begin{array}{rrr} 62^\circ & 40' & 22'' \\ -\,11^\circ & 59' & 12'' \\ \hline \end{array} \qquad \begin{array}{rrr} 67^\circ & 29' & 7'' \\ -\,28^\circ & 33' & 14'' \\ \hline \end{array}$$

44 Averigua cuánto le falta a cada ángulo para llegar a un llano:

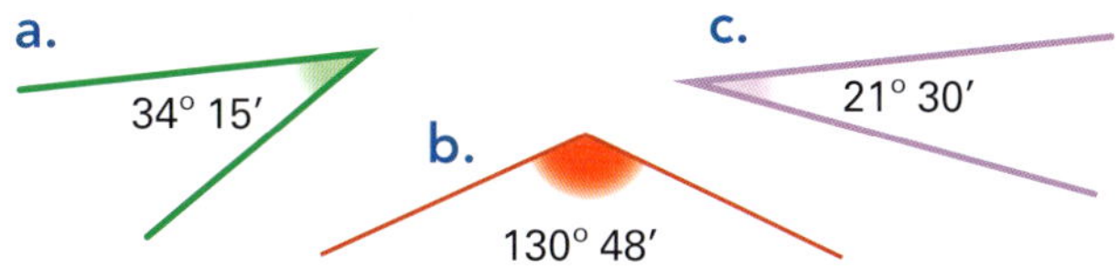

45 Calcula el ángulo que falta en cada triángulo:

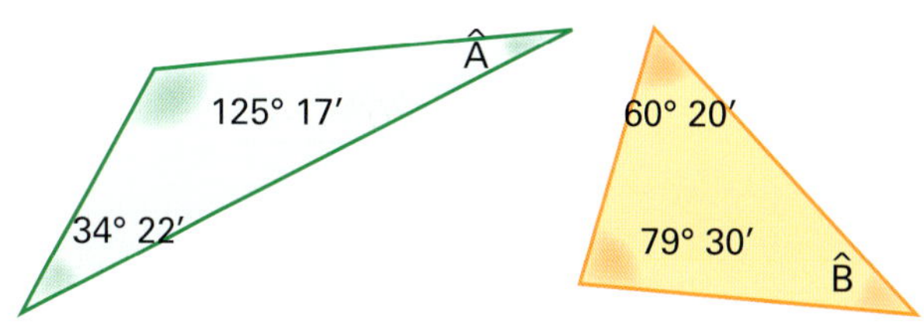

46 En un triángulo rectángulo, uno de los ángulos agudos mide 34° 21′. ¿Cuánto mide el otro ángulo agudo?

47 Calcula el ángulo que falta en cada cuadrilátero:

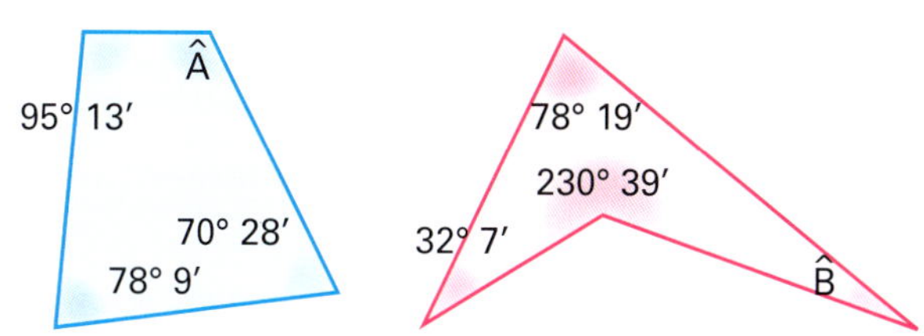

48 Sabiendo que $\hat{A}$ = 23° 47′ y $\hat{B}$ = 53° 17′, calcula $\hat{C}$ en cada caso:

a. $\hat{A} + \hat{C} = 85^\circ$

b. $\hat{B} + \hat{C} = 120^\circ$

c. $\hat{A} + \hat{B} + \hat{C} = 160^\circ$

d. $\hat{B} - \hat{A} + \hat{C} = 130^\circ$

9. Ángulos complementarios

Fíjate en los ángulos $\hat{A}$ y $\hat{B}$ de la figura: la suma de $\hat{A}$ y $\hat{B}$ es un ángulo recto.

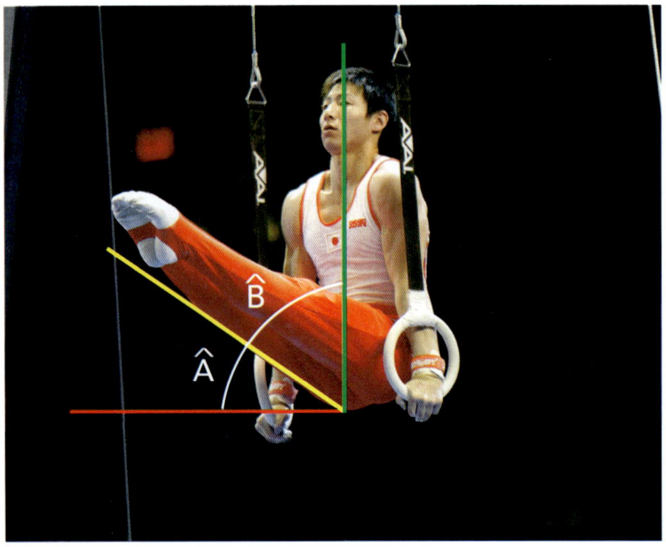

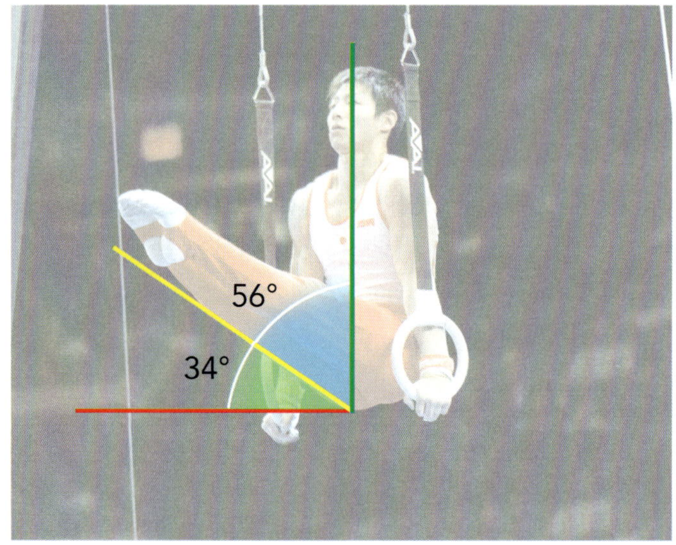

Comprueba con el transportador que $\hat{A} = 34°$ y $\hat{B} = 56°$ y, por tanto, $\hat{A} + \hat{B} = 90°$.

Dos ángulos son **complementarios** si suman 90°.

49 Los ángulos $\hat{A}$ y $\hat{B}$ son complementarios. Calcula la medida de $\hat{B}$ en cada caso:

$\hat{A} = 30°$	$\hat{A} = 45°\ 11'$
$\hat{A} = 58°$	$\hat{A} = 15°\ 38'$
$\hat{A} = 21°$	$\hat{A} = 37°\ 51'$

50 ¿Pueden ser complementarios un ángulo agudo y un ángulo obtuso? ¿Y dos ángulos obtusos? Razona las respuestas.

51 Empareja los ángulos complementarios. Hazlo en el cuaderno.

65° 28′	54° 33′	35° 27′	60° 28′
7° 17′	24° 32′	82° 43′	29° 32′

52 Sin utilizar el transportador, calcula los ángulos indicados en cada figura:

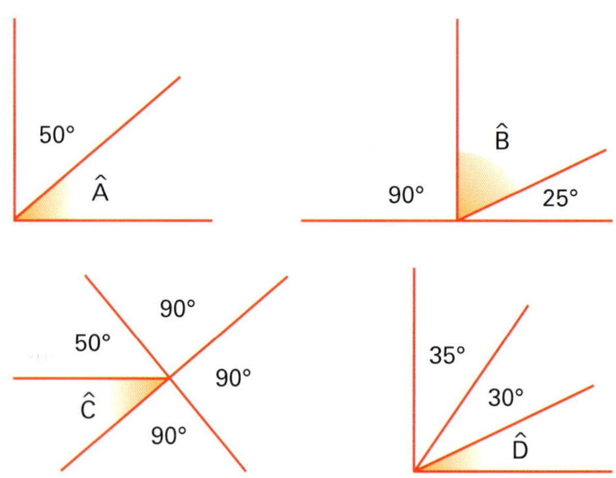

53 Calcula la medida del ángulo complementario de 24° 35′ 55″.

Resta: 250 – 29 540 – 19 670 – 39 680 – 19 390 – 39 760 – 29 450 – 39

10. Ángulos suplementarios

Fíjate en los ángulos $\hat{A}$ y $\hat{B}$ que forma el mástil con la plancha: la suma de $\hat{A}$ y $\hat{B}$ es un ángulo llano.

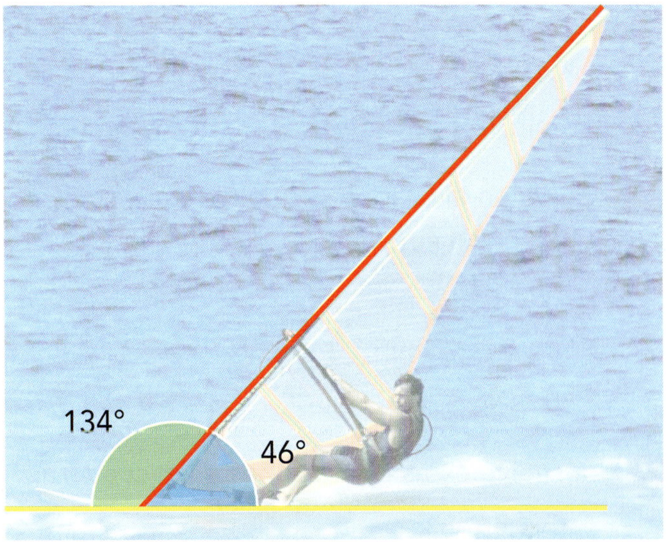

Comprueba con el transportador que $\hat{A} = 134°$ y $\hat{B} = 46°$ y, por tanto, $\hat{A} + \hat{B} = 180°$.

Dos ángulos son **suplementarios** si suman 180°.

54 Sin utilizar el transportador, calcula la medida de los ángulos indicados:

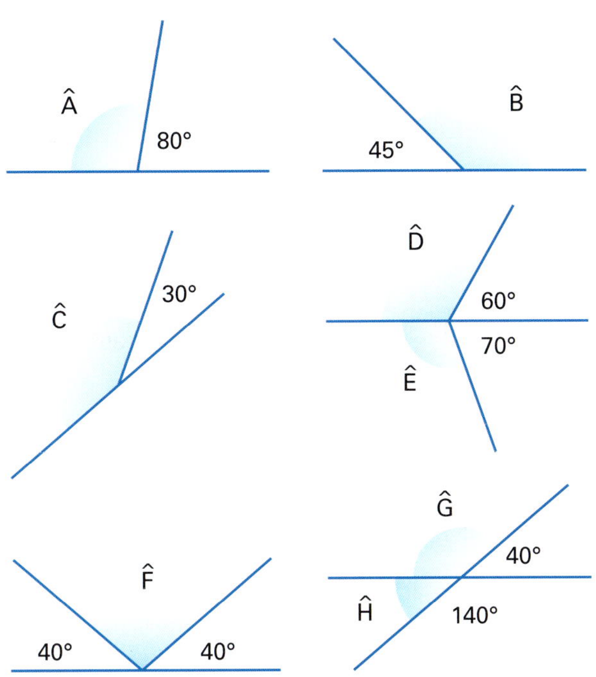

55 Dos ángulos $\hat{A}$ y $\hat{B}$ son suplementarios:

a. Si $\hat{A}$ es un ángulo agudo, ¿qué clase de ángulo es $\hat{B}$?

b. Si $\hat{A}$ es un ángulo recto, ¿qué clase de ángulo es $\hat{B}$?

c. Si $\hat{A} = 55° \, 13'$, ¿cuánto mide $\hat{B}$?

56 Dibuja en el cuaderno dos ángulos suplementarios, uno de los cuales mida 135°. ¿Cuánto tiene que medir el otro?

57 Los ángulos $\hat{A}$ y $\hat{B}$ son suplementarios. Calcula la medida de $\hat{B}$ en cada uno de los casos siguientes:

$\hat{A} = 90°$	$\hat{A} = 145° \, 18'$
$\hat{A} = 68°$	$\hat{A} = 123° \, 34'$
$\hat{A} = 37°$	$\hat{A} = 105° \, 29'$

Actividades

Practica

1 Copia y completa las equivalencias en el cuaderno:

2 h 47 min = … min

1 h 53 s = … s

10 min 13 s = … s

5 h 26 min = … min

2 Copia en el cuaderno y completa:

568 min = … h … min

25.320 s = … h … min

2.500 s = … min … s

3.800 s = … h … min … s

3 Resuelve estas operaciones en el cuaderno:

10 min 54 s + 9 min 8 s

3 h 12 min 38 s + 2 h 47 min 32 s

11 h 15 min − 7 h 30 min 40 s

3 h 18 min 42 s − 2 h 30 min 15 s

4 En Málaga son las seis y media de la tarde. Di qué hora es en:

a. Nueva York

b. Moscú

c. París

d. Río de Janeiro

5 Escribe en el cuaderno estas medidas de ángulos en segundos:

42°

45° 18″

12° 1′ 37″

17° 32′

medio minuto

3° 26′ 18″

6 Copia y resuelve en el cuaderno:

48° 25′ + 13° 48′

27° 59′ 17″ + 18° 36′ 29″

36′ 25″ − 18′ 37″

62° 37′ 12″ − 38° 42′ 28″

7 Escribe en el cuaderno en forma compleja:

4,567′ = …° …′

7.603″ = …° …′ …″

3.022′ = …° …′

5.492″ = …° …′ …″

8 Un ángulo mide 15° 40′ y otro, 56.460″. ¿Cuál es mayor?

9 Calcula cuánto mide el suplementario del complementario de 46°.

10 ¿Cuánto mide el ángulo de lados rojos en cada caso?

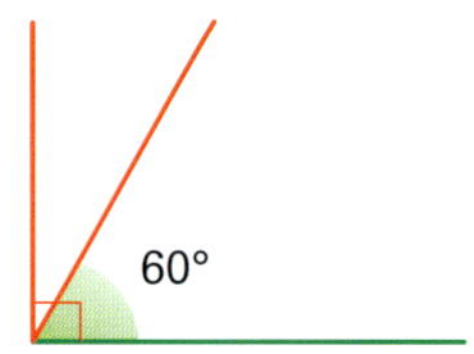

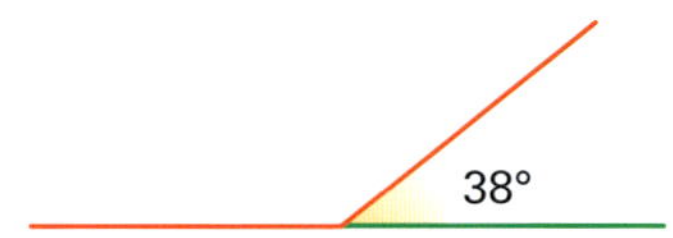

Resuelve problemas

11 En una competición de 200 metros braza de natación, el ganador invirtió 2 min 43 s, mientras que el tercer clasificado acabó la carrera en 3 min 13 s:

a. ¿Qué diferencia de tiempo hubo entre los dos nadadores?

b. ¿Qué tiempo hizo el segundo clasificado si llegó 25 s antes que el tercero?

c. El sexto clasificado llegó a 1 min 18 s del ganador de la carrera. ¿Qué tiempo hizo?

12 El cohete Soyuz tarda 9 min 43 s en poner en órbita un satélite:

a. Expresa en segundos el tiempo anterior.

b. Si el corazón de un astronauta late 3 veces por segundo desde que la nave despega hasta que se pone en órbita, ¿cuántas veces late en este tiempo?

13 Un niño de tu edad duerme 30.600 s cada noche. ¿Crees que es mucho? Y tú, ¿cuántos segundos duermes?

14 Un eclipse de Luna duró 2 h 38 min. ¿A qué hora empezó si terminó a la 1.59 h?

15 Raquel y su familia salieron a pasear en bicicleta a las 8.50 h. Pasearon durante una hora y tres cuartos. ¿A qué hora finalizaron el paseo?

16 Un programa televisivo ha empezado a las 15.45 h y tiene una duración de una hora y media. ¿A qué hora ha finalizado si durante la emisión se han hecho dos cortes publicitarios de 6 min y 8 min?

17 Halla en cada caso la medida del ángulo de lados rojos:

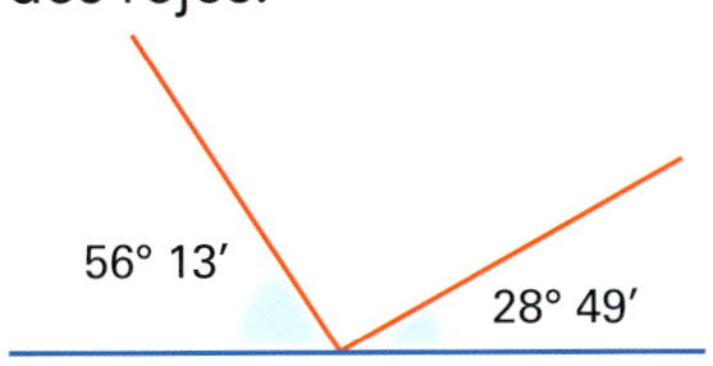

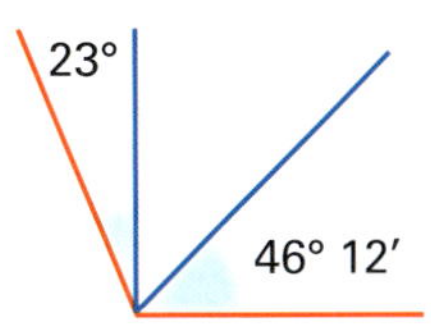

18 ¿Es cierto que la diferencia entre el complementario y el suplementario de un ángulo agudo es siempre uno recto? Razónalo.

19 Halla dos ángulos suplementarios de manera que uno sea el doble del otro.

Profundiza

20 Observa cómo ha resuelto Carla este problema:

Una colección de documentales consta de 6 películas de 25 min 30 s de duración. ¿Cuánto dura toda la colección?

	25 min	30 s
×		6
	150 min	180 s

Resultado: 150 min 180 s

¿Es correcto el resultado? ¿Hay otra forma más adecuada de dar el resultado?

21 Un corredor de 10.000 m da cada vuelta al estadio (400 m) en un tiempo aproximado de 1 min 13 s. ¿Cuál será su tiempo al completar la carrera?

22 Sabiendo que el triángulo DBC es equilátero, calcula la medida de cada uno de los ángulos del triángulo ABC:

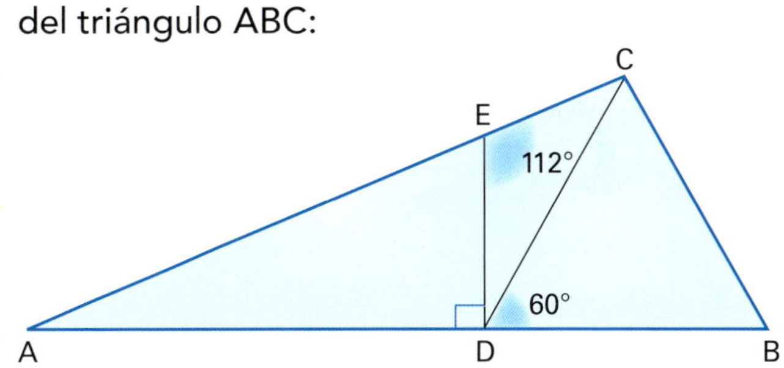

Activa tu mente

23 Oberva cómo podemos sumar números consecutivos de forma rápida:

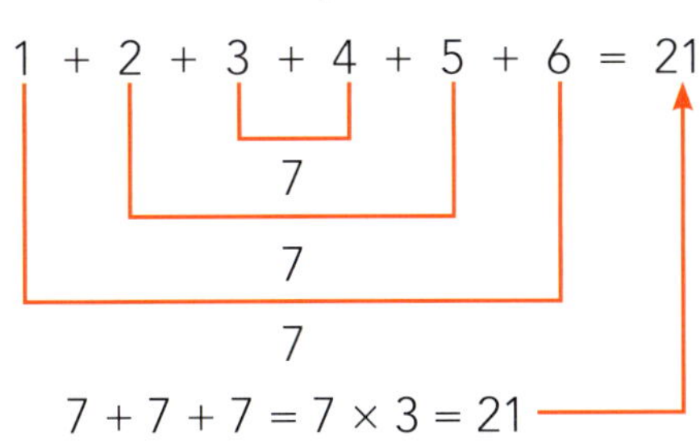

a. Aplica este procedimiento para obtener la suma de los 10 primeros números.

b. ¿Cuánto suman los 20 primeros números?

c. Carl Friedrich Gauss, matemático alemán, fue un niño prodigio. Con solo 10 años, calculó en unos minutos la suma de los 100 primeros números. ¿Puedes hacerlo tú?

1 + 2 + 3 + ... + 98 + 99 + 100 = ?

d. Quizá has descubierto una regla que funciona si sumamos una cantidad par de números consecutivos. ¿Qué sucede si es impar?

e. ¿Cuánto suman los 15 primeros números?

Cálculo mental

exploradora@digital
Medidas de tiempo
www.tiching.com/686580

Multiplicar por 5

64×5

$64 \times 10 : 2$

$640 : 2 = 320$

Multiplicar por 5 es lo mismo que multiplicar por 10 y dividir el resultado entre 2.

Resuelve:

24 × 5	142 × 5	986 × 5	576 × 5	1.032 × 5
96 × 5	256 × 5	606 × 5	942 × 5	964 × 5

Repaso

1. Calcula:

12 % de 25	16 % de 32,70
7 % de 4,50	4 % de 7,25
75 % de 0,60	12 % de 8,32

2. Expresa en las unidades indicadas:

a. En metros:

3,20 dam	21,6 dm	2,5 hm
8,5 km	120 cm	300 mm

b. En litros:

7,32 kL	6,2 dL	260 cL
0,25 daL	30 mL	3,27 hL

c. En gramos:

0,75 dag	80 dg	2,5 kg
2500 mg	60 cg	4,6 hg

3. Resuelve las operaciones siguientes:

−5 + 8	−6 + 3	−20 + 18
13 − 20	−9 − 10	−14 + 5

4. Escribe los resultados de la actividad anterior ordenados de menor a mayor.

5. Calcula:

$\frac{2}{5}$ de 125	$\frac{1}{3}$ de 639	$\frac{3}{4}$ de 420
$\frac{5}{8}$ de 320	$\frac{6}{7}$ de 70	$\frac{5}{9}$ de 81

6. Calcula el IVA y el precio total:

precio (€)	7 % IVA (€)	precio total (€)
100	7	107
500	...	...
5,15	...	...
16,60	...	...

7. Rosa vive en un piso de 120 m^2.

Halla el número de veces que cabría su piso en la plaza de Tiananmen (Pekín), la plaza más grande del mundo, que mide 44 ha.

Plaza de Tiananmen

8. Un canguro da saltos de 9,5 m de longitud. ¿Cuántos saltos debe dar para recorrer 1 km?

Resolución de problemas

Aprende a... seleccionar la información necesaria.

Andrés vive en Brujas y tiene que realizar unas gestiones en Bruselas en horario de mañana, entre las 10 h y las 12 h. Después, quiere regresar a Brujas lo antes posible. Irá y volverá en tren. Fíjate en los horarios de los trenes y contesta en el cuaderno:

Ida

tren	salida	llegada	precio (€)
P 7004	06:50	08:09	14,10
IC 506	06:58	08:00	15,00

Vuelta

tren	salida	llegada	precio (€)
IC 536	15:00	15:59	14,10
IC 1536	15:21	16:24	14,10
IC 537	16:00	16:59	14,10

1. ¿Qué opción le conviene más a Andrés?
2. ¿Cuántos euros le costarán los billetes?
3. ¿Cuánto durará el viaje de ida?
4. Indica las diferencias de duración y de precio entre la ida y la vuelta.

Aplico mis conocimientos

Leer el recibo de la luz

Este es el último recibo de la luz que han pagado en casa de Laura:

Consumo eléctrico

Lectura real	(29/08/2014)	15.041 kWh
Lectura real	(30/06/2014)	– 14.878 kWh
Consumo medido		163 kWh
	Total	163 kWh

Facturación

PRODUCTO: PVPC

Concepto	Cálculos		Importes (€)
Coste consumo	163 kWh × 0,11868 €/kWh	=	19,34
Potencia	4,4 kW × 60 × 0,115187 €/kW i dia	=	30,41
Impuesto electricidad	49,75 € × 1,05113 × 4,864 %	=	2,54
Alquiler equipos			1,07
	Total		53,36
IVA	21 % de 53,36	=	11,21
TOTAL FACTURA			**64,57 €**

Observa que hay una parte fija, que depende de la potencia contratada, y una parte variable, que depende del consumo. La potencia se mide en kilovatios (kW), y el consumo, en kilovatios hora (kWh).

a. Localiza en el recibo el consumo, y di a qué período corresponde.

b. ¿Cuál es el precio del kilovatio hora?

c. La potencia contratada es de 4,4 kW. ¿Cuál es el precio por día del kilovatio contratado? ¿A qué corresponde el 60 que sale como factor en el cálculo de la potencia?

d. ¿De dónde salen los 49,75 € del cálculo del impuesto de electricidad?

e. Comprueba con la calculadora todos los cálculos que hay en la factura.

f. Elabora la factura con estos datos:

Lectura real (29/08/2014) 16.075 kWh

Lectura real (30/06/2014) 14.878 kWh

g. Pregunta a tus padres cuál ha sido el importe del último recibo de la luz de tu casa. ¿Crees que en casa de Laura pagan mucho de luz? Coméntalo con los compañeros y las compañeras.

13 FIGURAS PLANAS Y ÁREAS

1. Fíjate en el cuadro de Alberto Magnelli:
   a. Identifica los polígonos A y B.
   b. Busca dos polígonos cóncavos y dos convexos. Cálcalos en el cuaderno.
   c. Explica por qué la figura C no es un polígono.
   d. Busca un octógono y cálcalo en el cuaderno.

2. Fíjate en la fotografía aérea de París. Localiza los polígonos siguientes utilizando las líneas que forman las calles:
   a. Un paralelogramo.
   b. Un pentágono y un hexágono cóncavos.
   c. Un trapecio.
   d. Un triángulo.

3. ¿Es posible que un triángulo sea cóncavo? Justifica la respuesta.

4. La distancia en línea recta entre la torre Eiffel y el Arco de Triunfo, en París, es de 1.730 m. Calcula la distancia entre:
   a. El Arco de Triunfo y la rotonda de los Campos Elíseos.
   b. La rotonda de los Campos Elíseos y la torre Eiffel.

LEE Y COMPARTE

- ¿A qué edad murió Alberto Magnelli?
- ¿Cuántos años hace que se construyó la torre Eiffel?
- ¿Cuántos escalones hay que subir para llegar a lo alto de la torre Eiffel?
- ¿Qué altura tiene la torre Eiffel?
- ¿Qué edad tenía Alberto Magnelli cuando se construyó la torre Eiffel?

Obra de Alberto Magnelli (1888-1971).

El pintor italiano Alberto Magnelli es considerado uno de los principales representantes del arte abstracto europeo.

En sus cuadros es fácil encontrar figuras geométricas de todo tipo como las siguientes:

Fotografía aérea de París

Fíjate en los dos polígonos que hemos formado con las calles.

El polígono rojo es un polígono convexo y el amarillo es un polígono cóncavo.

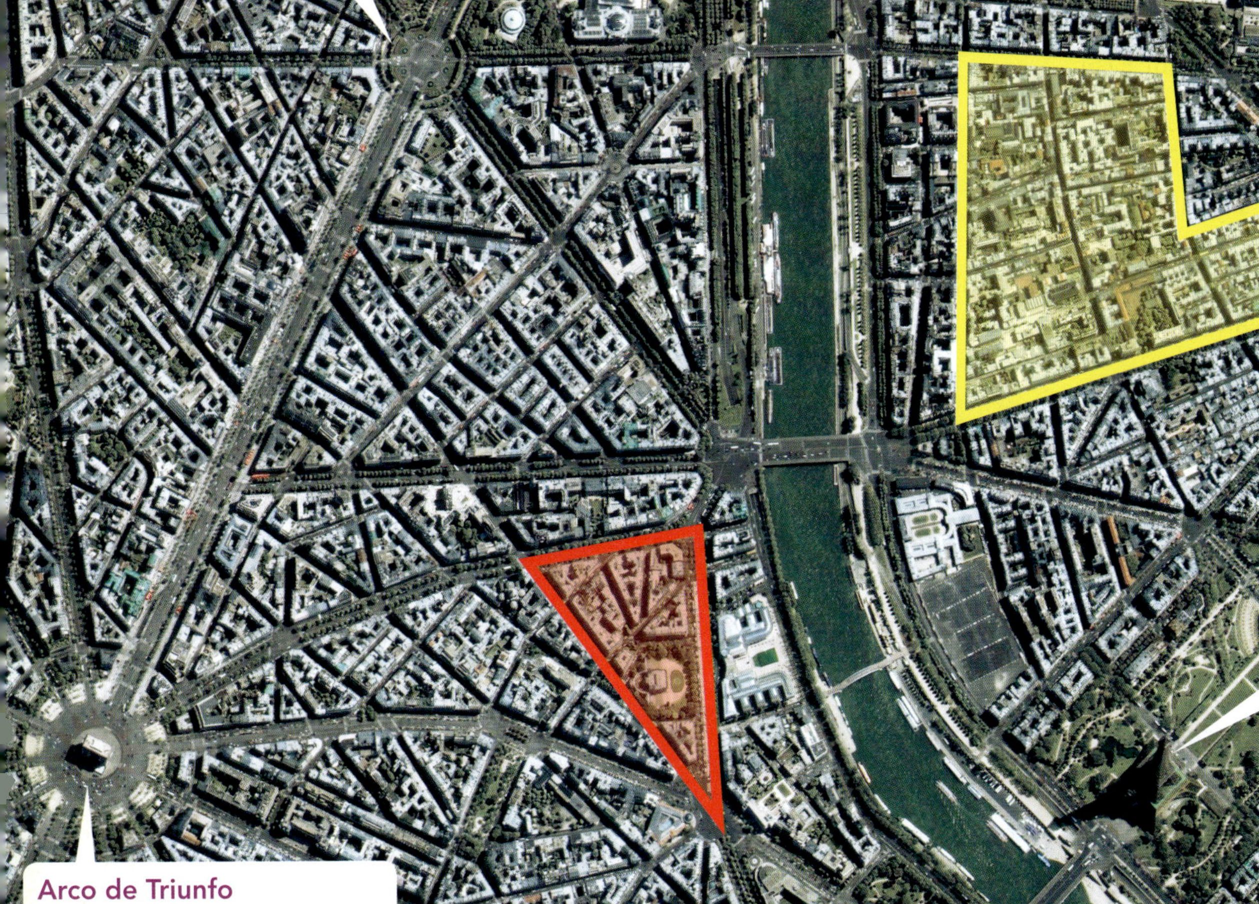

Rotonda de los Campos Elíseos

Está situada en la avenida de los Campos Elíseos, la más famosa de París.

Torre Eiffel

Fue construida en 1889. Tiene una altura de 324 m. Desde el suelo hasta lo alto hay una escalera de 1.665 escalones.

Arco de Triunfo

Fue construido entre los años 1806 y 1836 por orden de Napoleón. Tiene una altura de 50 m.

Polígonos convexos

Los polígonos convexos tienen todos los ángulos menores que 180°.

Polígonos cóncavos

Los polígonos cóncavos tienen algún ángulo mayor que 180°.

1. Áreas del rectángulo y del cuadrado

Recuerda cómo calculamos las áreas del rectángulo y del cuadrado:

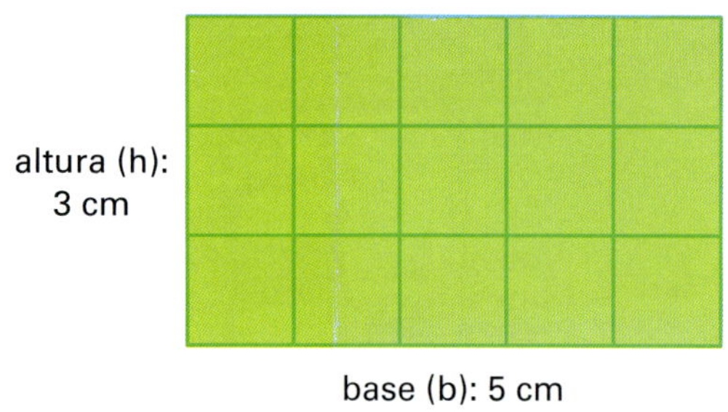

$$5 \times 3 = 15$$

Área: 15 cm^2

Para calcular el área de un rectángulo, multiplicamos la base por la altura.

Área del rectángulo = b × h

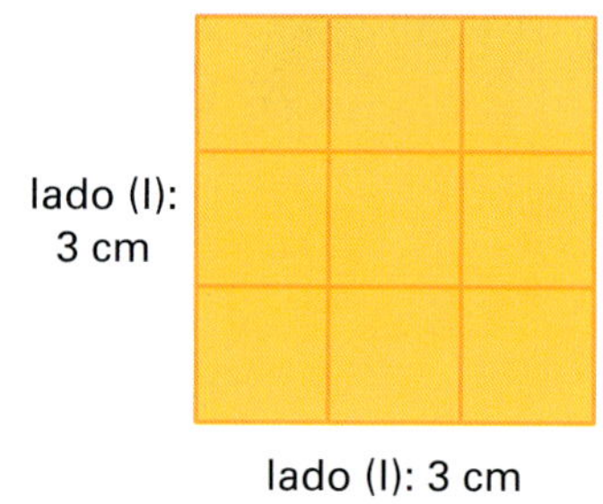

$$3 \times 3 = 9$$

Área: 9 cm^2

Para calcular el área de un cuadrado, multiplicamos el lado por sí mismo.

Área del cuadrado = l × l = l^2

1 Calcula el área de una tarjeta de crédito y la de un billete de 500 €. Expresa los resultados en milímetros cuadrados redondeando, si es necesario, a las unidades.

¿Sería correcto decir que una superficie es aproximadamente el triple de la otra?

2 Calcula el área de esta figura:

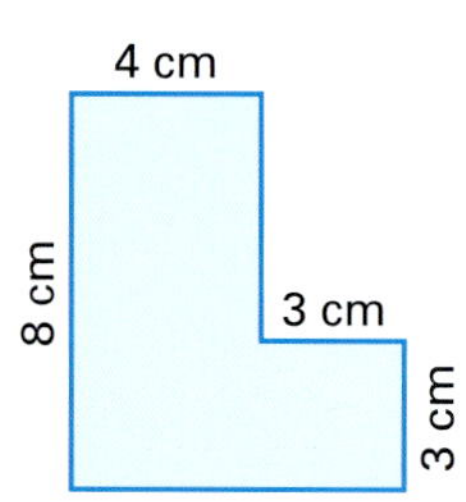

Explica a los compañeros y las compañeras cómo la has calculado.

3 Copia y completa la tabla en el cuaderno e indica si la longitud del lado de un cuadrado y su área son magnitudes proporcionales:

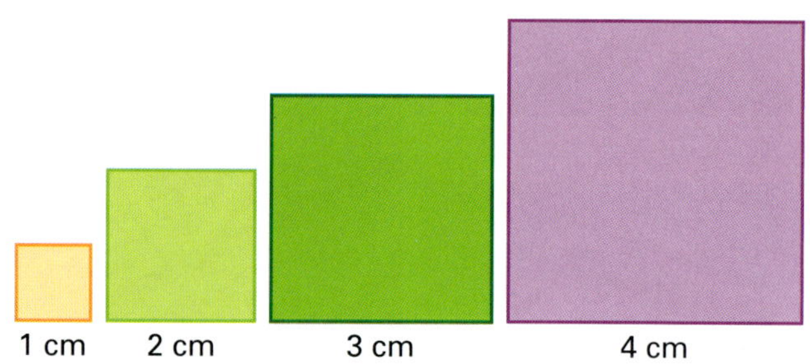

longitud del lado (cm)	1	2	3	4	...	...
área (cm^2)	...	...	...	...	...	...

4 Halla el área de la superficie de cada color de una bandera de Costa Rica de 90 cm de largo y 60 cm de ancho.

2. Áreas del romboide y del triángulo

Fíjate en que el romboide y el rectángulo tienen la misma área:

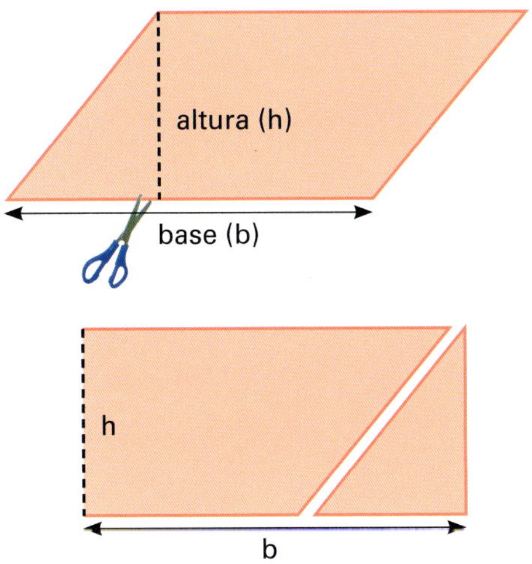

Por tanto:

Área del romboide = b × h

Fíjate ahora en que el área del triángulo B es la mitad del área del romboide A:

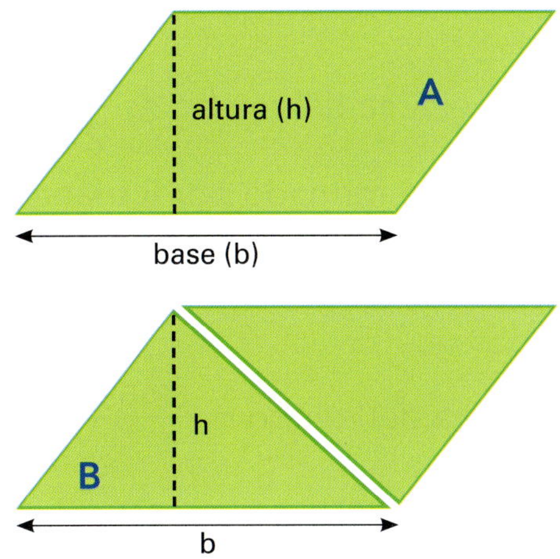

Por tanto:

$$\text{Área del triángulo} = \frac{b \times h}{2}$$

5 Calcula el área de las figuras siguientes:

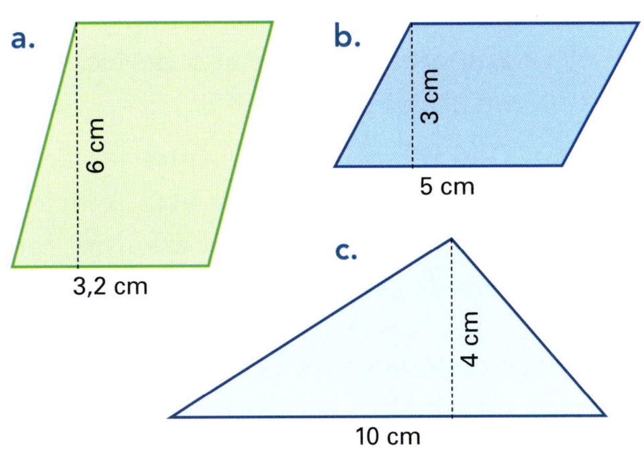

6 Calcula el área del cuadrilátero de la derecha. Fíjate en que se ha dividido en dos triángulos.

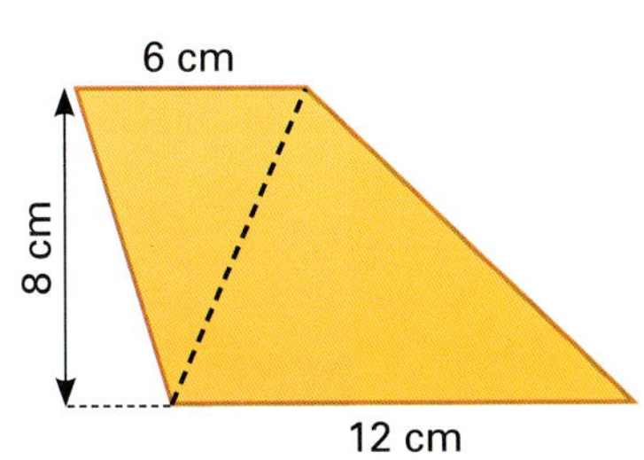

7 Calcula el área de la superficie de color azul:

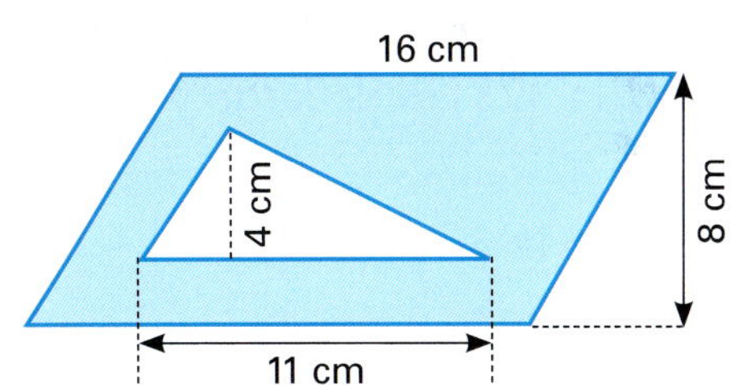

8 Calcula el área de la superficie de cada color en la bandera de la República del Congo. En el caso de la superficie de color amarillo, calcúlala de dos formas.

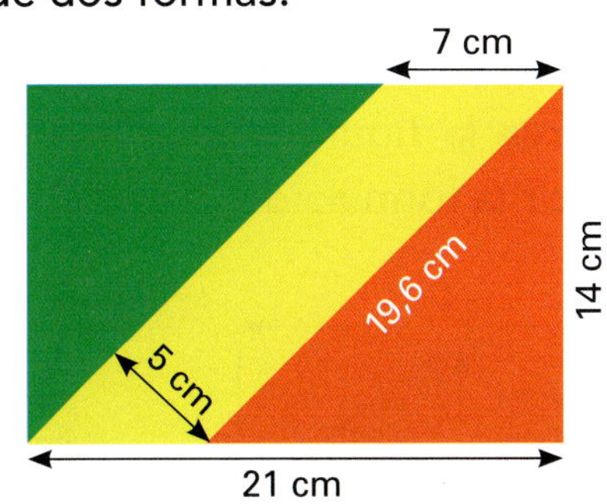

Multiplica: 5 × 2 × 9 2 × 3 × 7 2 × 4 × 6 2 × 2 × 9 3 × 2 × 9 5 × 4 × 3 7 × 3 × 10

3. Área del rombo

Observa la figura de la derecha: podemos colocar un rombo dentro de un rectángulo cuyas dimensiones sean las longitudes de las diagonales.

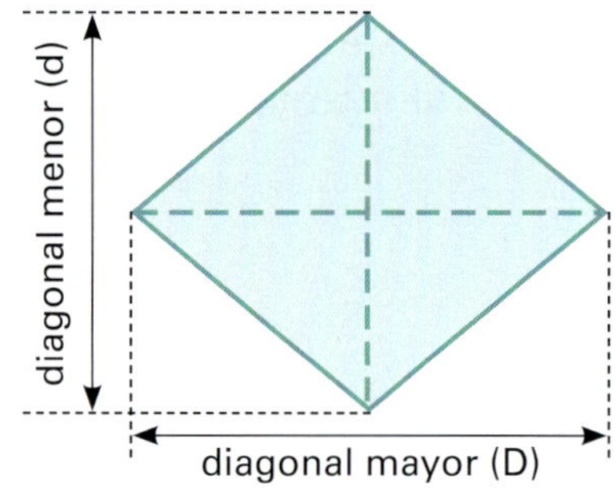

Fíjate en que el área del rombo es $\frac{1}{2}$ del área del rectángulo, pues el rectángulo está formado por 8 triángulos iguales, y 4 de ellos forman el rombo.

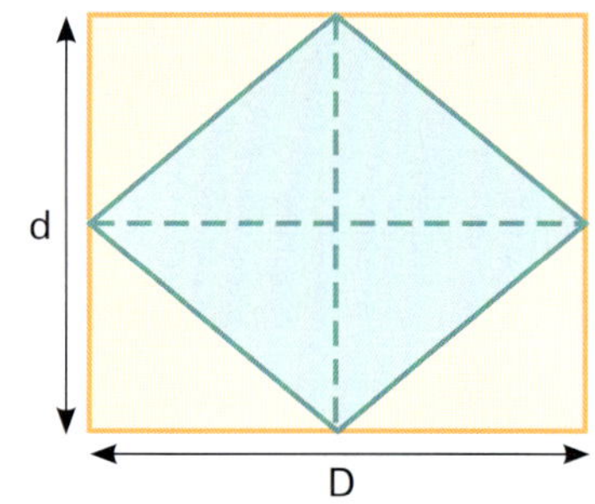

Por tanto:

$$\text{Área del rombo} = \frac{\text{área del rectángulo}}{2} = \frac{D \times d}{2}$$

$$\text{Área del rombo} = \frac{D \times d}{2}$$

9 Calcula el área del rombo cuyas diagonales miden 4 m y 12 m.

10 Queremos fabricar una cometa con forma de rombo a partir de una lámina plástica rectangular de 393 cm de largo y 205 cm de ancho:

a. ¿Cuáles serán las medidas de las diagonales de la cometa?

b. ¿Cuál será el área de la cometa?

c. Con los trozos de lámina sobrante, ¿podríamos fabricar otra cometa igual?

11 Una plaza tiene forma de rombo y sus diagonales miden 30 m y 40 m. ¿Qué área tiene la plaza?

12 Observa la figura siguiente y utilízala para deducir la fórmula del área del rombo:

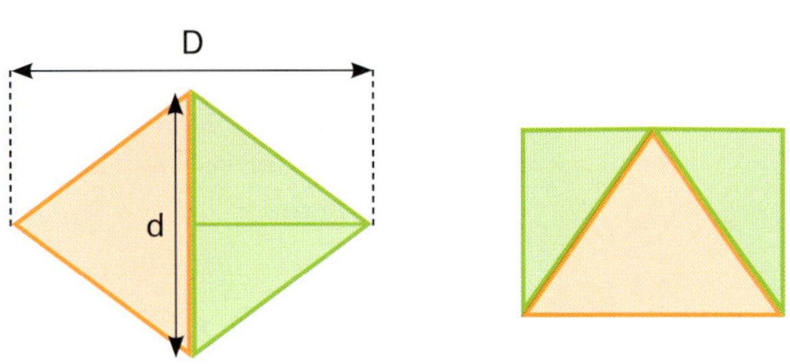

13 Dibuja en una hoja aparte un rombo cuyas diagonales midan 8 cm y 6 cm. A continuación:

a. Calcula el área del rombo.

b. Recorta el rombo por sus diagonales y halla el área de cada uno de los triángulos que obtienes.

c. ¿Qué relación existe entre las áreas que has calculado? Utiliza esta relación para deducir la fórmula del área del rombo a partir de la del triángulo.

14 Halla el perímetro y el área del cartel del metro de Madrid, sabiendo que mide 1 m de largo.

Toma las medidas que sean necesarias sobre la fotografía y explica los pasos que des.

4. Área del trapecio

Fíjate en que si al trapecio de la izquierda le añadimos uno igual pero girado, obtenemos un romboide de base B + b y altura h:

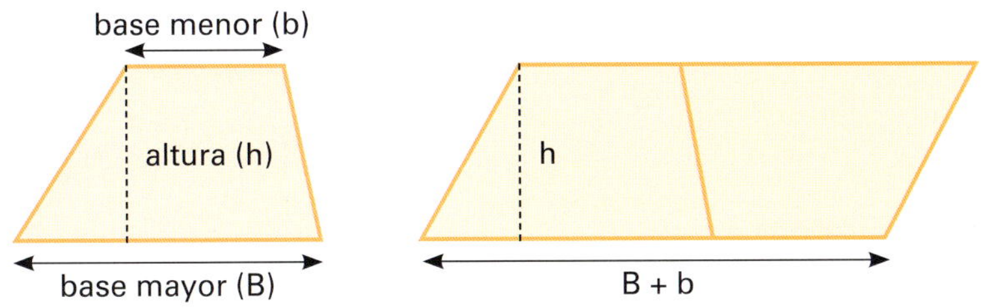

Por tanto, el área del trapecio es $\frac{1}{2}$ del área del romboide. Luego:

$$\text{Área del trapecio} = \frac{\text{área del romboide}}{2} = \frac{(B + b) \times h}{2}$$

$$\text{Área del trapecio} = \frac{(B + b) \times h}{2}$$

15 Calcula el área de un trapecio cuyas bases miden 16 cm y 12 cm, y tiene 6 cm de altura.

16 La base menor de un trapecio mide 70 cm. Halla su área sabiendo que la base mayor mide el doble de la menor, y la altura, la mitad. Expresa el resultado en decímetros cuadrados.

17 Dibuja en una hoja aparte este trapecio:

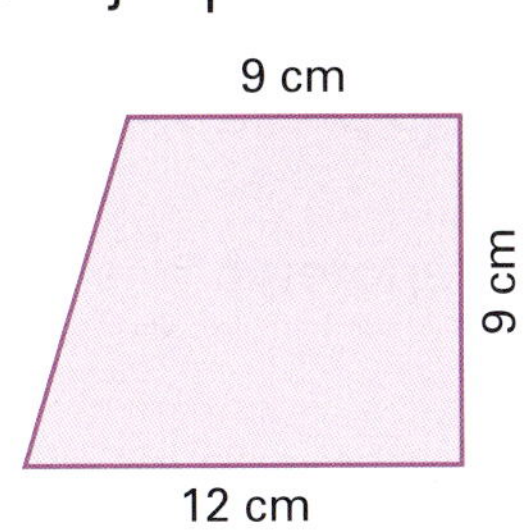

a. Calcula su área.

b. Recorta el trapecio por una de sus diagonales y halla el área de cada uno de los triángulos que obtienes.

c. Comprueba que la suma de las áreas de los triángulos es el área del trapecio.

18 La planta de una habitación tiene esta forma:

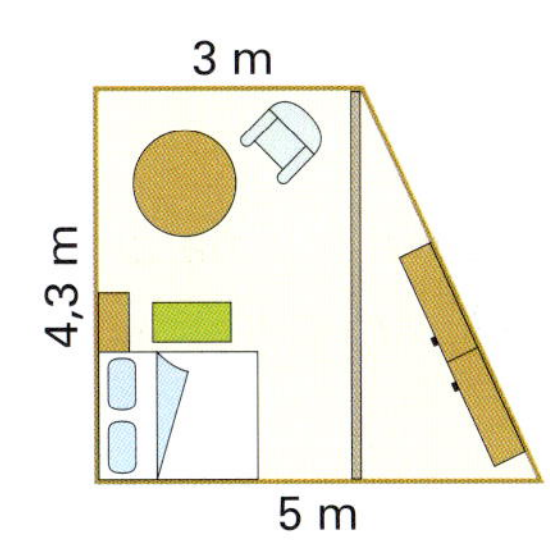

a. ¿Cuál es el área de la habitación?

b. Fíjate en el biombo que separa el vestidor del resto de la habitación. Calcula el área del vestidor de dos formas y explica cómo lo haces.

19 Observa las medidas de esta bandera de Kuwait y calcula el área de la superficie de color negro de dos formas:

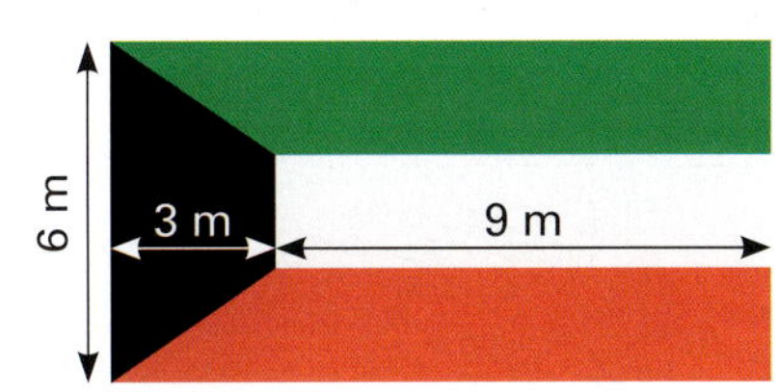

Calcula: (6 + 9) × 2 (13 + 7) × 6 (24 + 6) × 3 (45 + 5) × 8 (32 + 8) × 4 (15 + 6) × 3

5. Área de un polígono regular

Si unimos el centro de un polígono regular con los vértices, obtenemos tantos triángulos iguales como lados tiene el polígono. La altura de estos triángulos es la **apotema** del polígono.

Observa que con estos triángulos podemos construir un rectángulo:

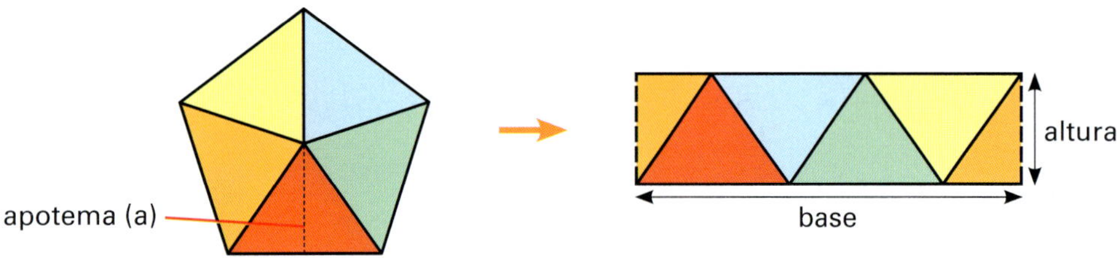

Fíjate en que la base del rectángulo es la mitad del perímetro del polígono (P) y la altura es la apotema. Luego:

$$\text{Área del polígono regular} = \text{área del rectángulo} = \frac{P}{2} \times a$$

$$\text{Área del polígono regular} = \frac{P}{2} \times a$$

20 Halla en tu cuaderno el área de estos polígonos regulares:

21 El edificio del Pentágono de Estados Unidos tiene forma de pentágono regular de 280 m de lado y 193 m de apotema. Calcula el área de la superficie que ocupa el edificio y exprésala en hectáreas.

22 Dibuja un hexágono de 3 cm de lado en una hoja aparte y con la ayuda del compás:

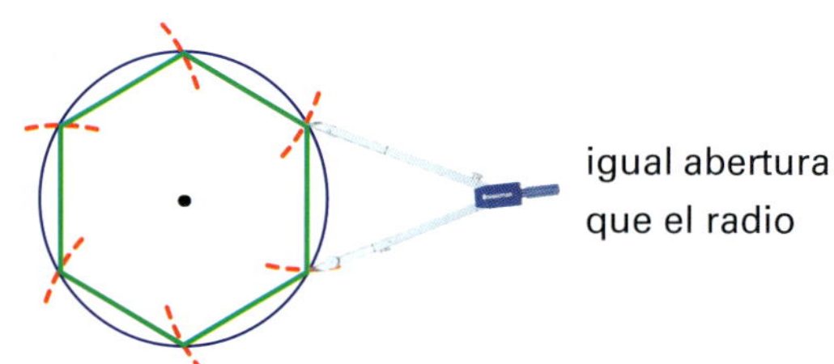

a. Mide la apotema y calcula el área del hexágono.

b. Une el centro con los vértices y halla el área de cada uno de los triángulos que obtienes.

c. ¿Qué relación existe entre las áreas que has calculado?

23 Se ha embaldosado el suelo de una estancia con baldosas hexagonales de 15 cm de lado y 13 cm de apotema.

Calcula el área aproximada de la estancia si se han usado 310 baldosas.

6. Posiciones relativas de rectas y circunferencias

Una recta puede ocupar tres posiciones respecto a una circunferencia.

Fíjate:

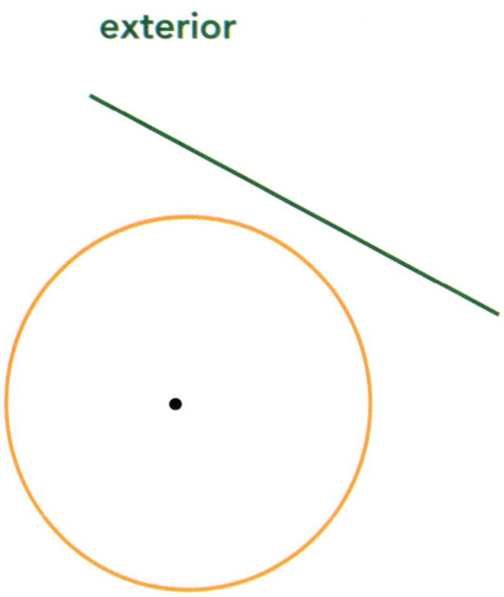

La recta y la circunferencia no tienen **ningún punto en común**.

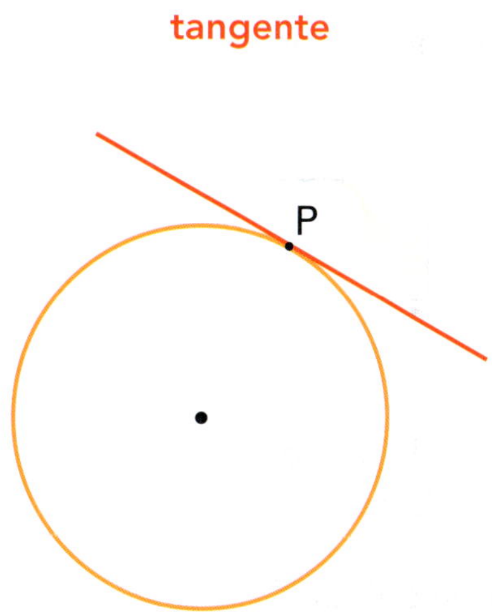

La recta y la circunferencia tienen **un único punto en común**.

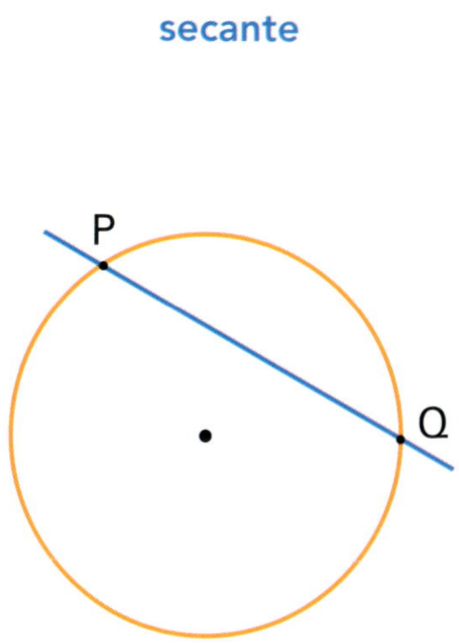

La recta y la circunferencia tienen **dos puntos en común**.

24 Dibuja una circunferencia y traza dos rectas tangentes que entre ellas sean secantes.

25 Dibuja en tu cuaderno una circunferencia y traza un diámetro.

¿Cuántas rectas puedes trazar que sean secantes a la circunferencia y paralelas al diámetro que has dibujado? ¿Y tangentes? ¿Y exteriores?

26 Fíjate en esta figura:

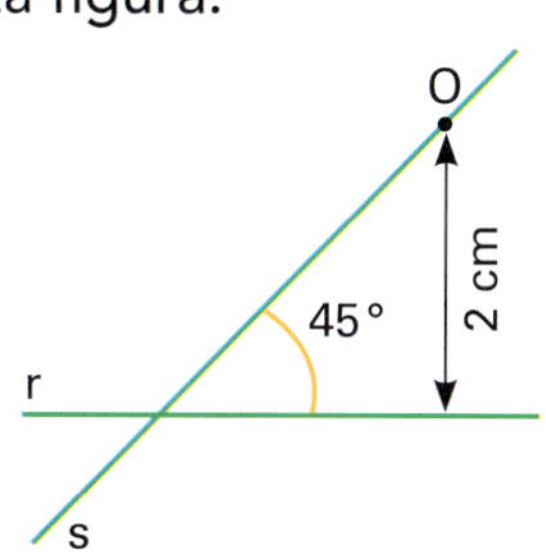

¿Cuánto puede medir el radio de una circunferencia con centro en O para que la recta r sea exterior a la circunferencia? ¿Y para que sea secante? ¿Y para que sea tangente?

27 Localiza ejemplos de las distintas posiciones relativas de rectas y circunferencias en este cuadro abstracto del pintor ruso Vasili Kandinski.

28 Dos circunferencias pueden ocupar las seis posiciones siguientes:

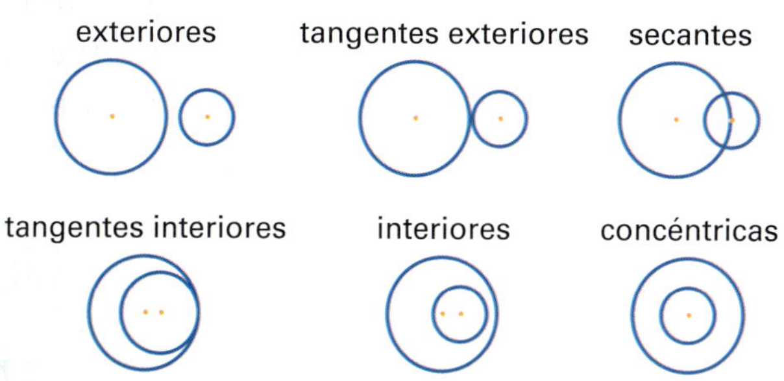

Para cada una, escribe en el cuaderno el número de puntos en común y cómo es la distancia entre los centros.

7. Longitud de la circunferencia

La relación entre la longitud de una circunferencia (L) y su diámetro (d) es:

$$d \xrightarrow{\times \pi} L \qquad L \xrightarrow{: \pi} d$$

$$L = d \times \pi$$

Como el diámetro (d) es el doble del radio (r), también podemos calcular la longitud de la circunferencia así:

$$L = 2 \times \pi \times r$$

Por ejemplo, para calcular la longitud de una circunferencia de radio 5 cm hacemos:

$$L = 2 \times 3{,}14 \times 5 \text{ cm} = 31{,}4 \text{ cm}$$

29 Observa la fotografía de la sección de secuoya que hay en el Museo de Historia Natural de Londres y calcula la longitud de su contorno:

30 Calcula el perímetro de esta figura:

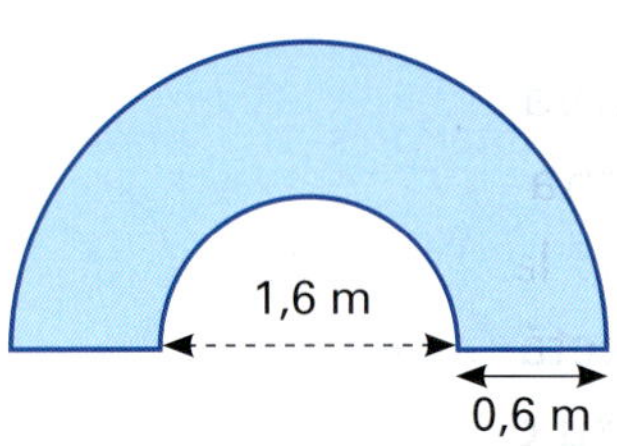

Explica a los compañeros y las compañeras los pasos intermedios de la resolución.

31 En medio del desierto de Wadi Rum, en Jordania, se hallan los campos de cereales que ves en la fotografía.

Calcula la longitud de las circunferencias que delimitan los campos, sabiendo que el radio es de 505 m.

32 Dibuja esta figura en el cuaderno de manera que el segmento AB mida 8 cm, y calcula su perímetro:

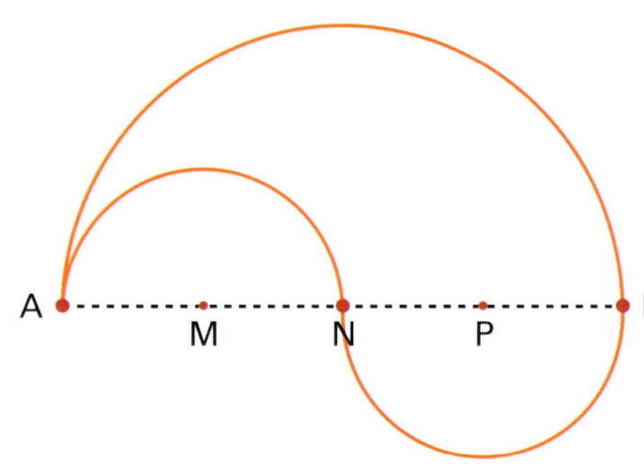

Detalla los pasos intermedios que des.

8. Área del círculo

Observa la imagen de la derecha: si dividimos un círculo en sectores circulares muy pequeños y los colocamos como se indica, obtenemos una figura muy parecida a un romboide.

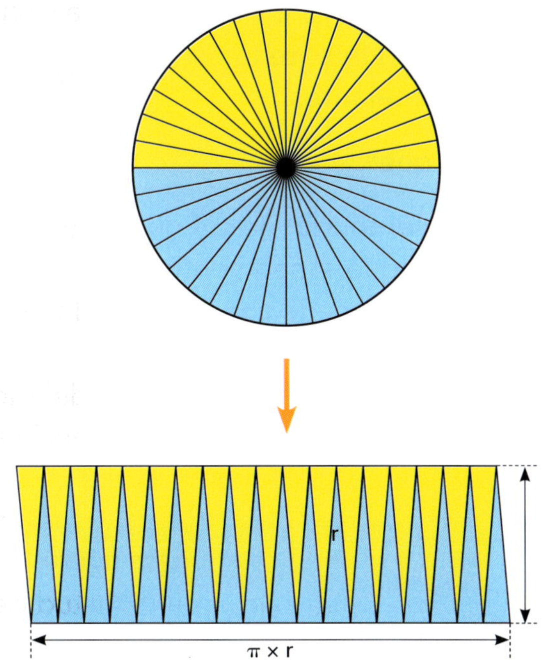

Fíjate en que la altura del romboide es el radio del círculo (r) y la base del romboide es la mitad de la longitud de la circunferencia que delimita el círculo, es decir, $\pi \times r$.

El área del círculo es igual al área del romboide. Luego:

Área del círculo = Área del romboide = $\pi \times r \times r = \pi \times r^2$

Área del círculo = $\pi \times r^2$

Por ejemplo, el área de un círculo de radio 5 cm es:

$$\text{Área} = 3{,}14 \times 5^2 = 78{,}5 \text{ cm}^2$$

33 Halla el área de un círculo de 5,4 cm de diámetro. Expresa el resultado en centímetros cuadrados redondeando a las unidades.

34 Calcula el área de las figuras siguientes:

a.

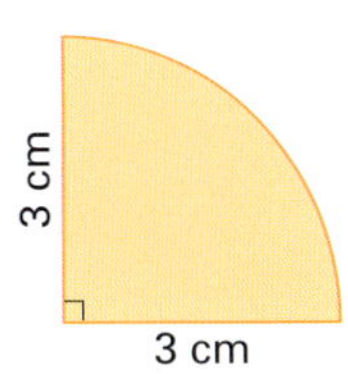

b.

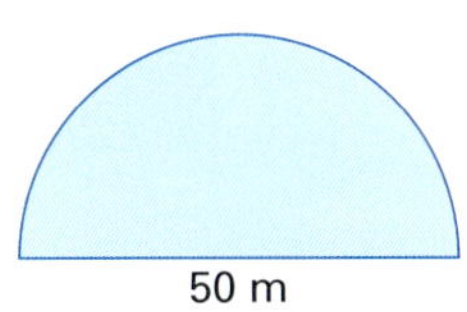

Explica a tus compañeros y compañeras los pasos intermedios que des en cada caso.

35 La base de una lámpara es un disco de madera de 16 cm de diámetro con un agujero cuadrado de 6 cm de lado.

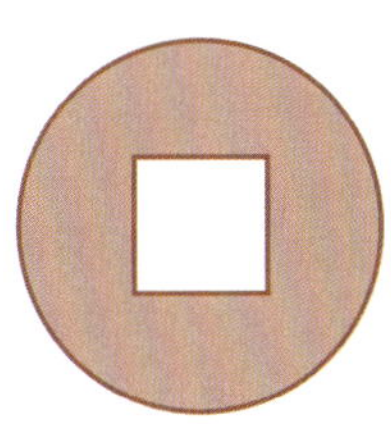

Halla el área de la base de la lámpara y expresa el resultado redondeando a las unidades.

36 En una rotonda hay un macizo de flores en forma de círculo, de 6 m de diámetro, y un borde de césped que lo rodea, de 3,5 m de ancho.

Calcula el área del borde de césped y explica los pasos que des.

37 Observa la figura de la derecha. ¿Qué área es mayor: la del círculo o la del rectángulo? Justifícalo en tu cuaderno.

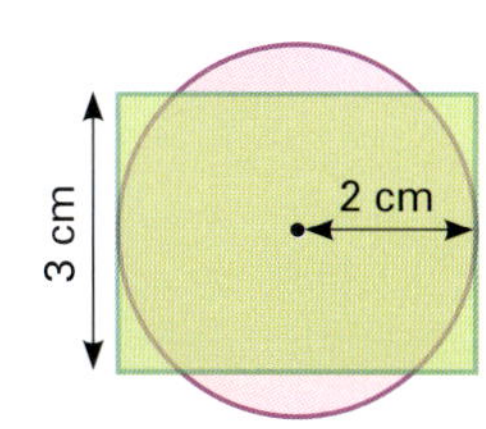

Calcula el 10 % de: 300 800 1.200 35 8 105 12 40 90,5 213 50 1

9. Figuras semejantes

Las dos figuras A y B del dibujo tienen la misma forma pero diferente tamaño. Decimos que son **figuras semejantes**.

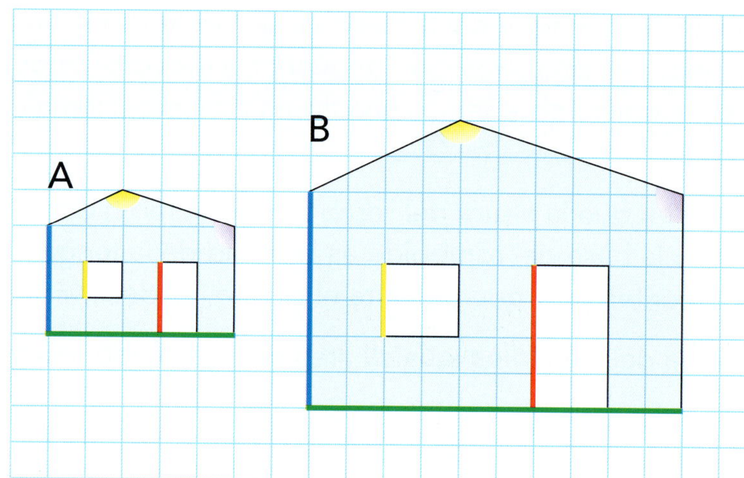

Fíjate en que:

- El segmento azul de la figura B es el doble de largo que el segmento azul de la figura A. Lo mismo sucede con los otros pares de segmentos del mismo color.
- Los ángulos que se corresponden en las dos figuras son iguales.

Dos figuras son **semejantes** si los segmentos tienen longitudes proporcionales y los ángulos son iguales.

38 Fíjate de nuevo en las figuras A y B del texto, y copia y completa la tabla siguiente con el número de unidades que mide cada segmento coloreado. Toma como unidad el lado del cuadrado de la cuadrícula.

	—	—	—	—
A	3	...	...	...
B	...	...	...	...

Describe lo que observas.

39 Copia la figura A en un papel cuadriculado, y dibuja la figura semejante B.

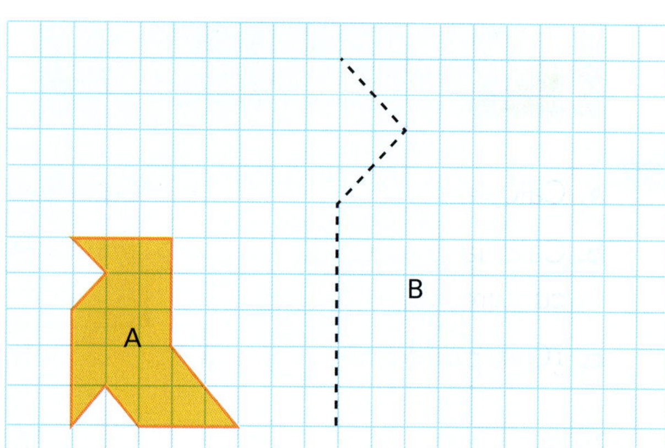

40 Construye figuras semejantes a las siguientes. Hazlo en un papel cuadriculado y explica a los compañeros y las compañeras cómo lo haces.

41 Busca ejemplos de figuras semejantes:

a. En la naturaleza.

b. En la arquitectura.

c. A tu alrededor.

42 ¿Dos triángulos equiláteros son semejantes? ¿Y dos cuadrados? ¿Y dos polígonos regulares con el mismo número de lados? Razona tus respuestas.

43 Explica por qué no son semejantes un cuadrado y un rombo que tienen los lados de la misma longitud.

10. Razón de semejanza

Los dos triángulos de la derecha son semejantes.

Si dividimos las longitudes de los lados que se corresponden, obtenemos:

$$\frac{10}{5} = \frac{8}{4} = \frac{6}{3} = 2$$

Cada lado del triángulo grande mide el doble que el lado correspondiente del triángulo pequeño.

Decimos que la razón de semejanza entre el triángulo grande y el pequeño es 2.

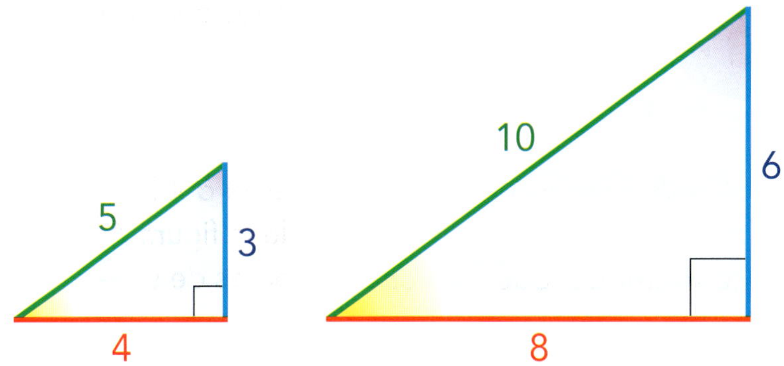

La **razón de semejanza** de dos figuras semejantes es el cociente entre las longitudes de dos segmentos que se corresponden.

44 Copia las figuras A y B en un papel cuadriculado, y amplía A al doble y B al triple:

¿Cuál es la razón de semejanza en cada caso?

45 Las figuras de cada par son semejantes. En cada caso, calcula la longitud que falta e indica la razón de semejanza:

a.

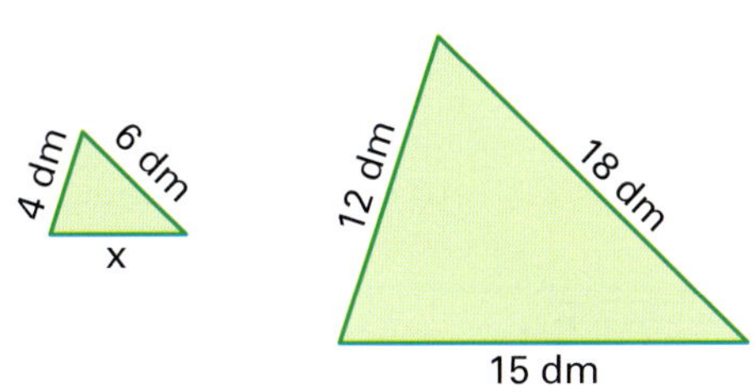

b.

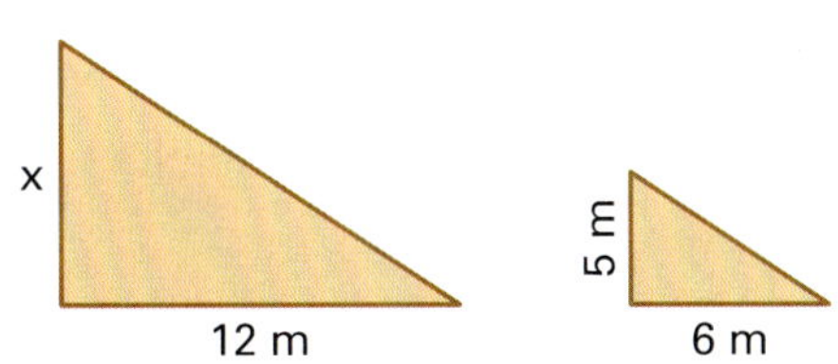

46 Dibuja en el cuaderno un cuadrado y amplíalo al doble de su tamaño. Calcula el perímetro de ambos cuadrados y explica qué observas.

¿Sucede lo mismo con el área?

47 Una fotografía se ha reducido a la mitad:

a. Calcula el diámetro de la rueda pequeña.

b. Calcula la longitud de cada una de las circunferencias.

c. ¿Qué puedes decir acerca de los resultados?

Suma: 12 + 13 + 30   8 + 15 + 7   41 + 15 + 6   22 + 41 + 6   17 + 15 + 25   28 + 12 + 26

Actividades

Practica

1 Halla el área de estas figuras:

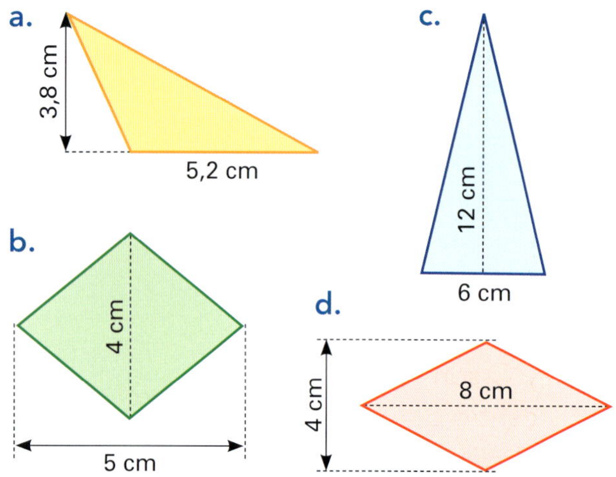

2 Calcula el área de los trapecios que tienen las medidas siguientes:

base mayor	35 cm	7,5 cm	40 cm
base menor	15 cm	68 mm	8,5 cm
altura	10 cm	0,3 dm	4 cm

3 Calcula el perímetro y el área de un hexágono de 26,5 cm de lado y 23 cm de apotema.

4 Calcula el área de un círculo que mide 50 m de diámetro.

5 Copia y completa esta tabla:

radio	diámetro	longitud de la circunferencia
...	24 cm	...
8 cm	...	...

6 Indica la longitud de los lados a, b y c de los triángulos semejantes siguientes:

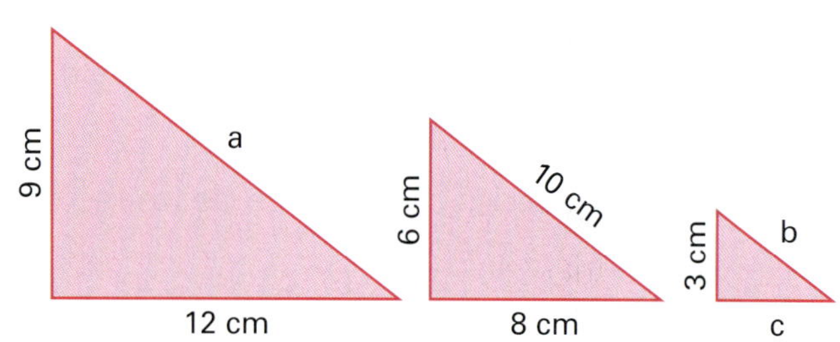

Resuelve problemas

7 Las dimensiones de esta bandera de las islas Seychelles son 60 cm × 30 cm. Calcula el área ocupada por cada color:

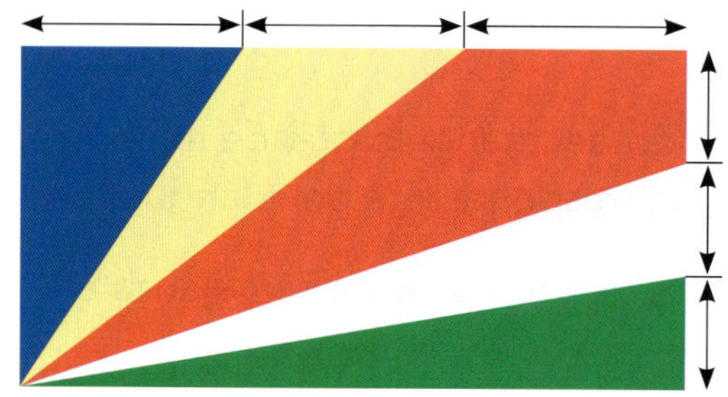

Explica cómo has calculado el área de la superficie roja. ¿Qué puedes decir de los resultados obtenidos?

8 Calcula el área y el perímetro de la zona de color rojo:

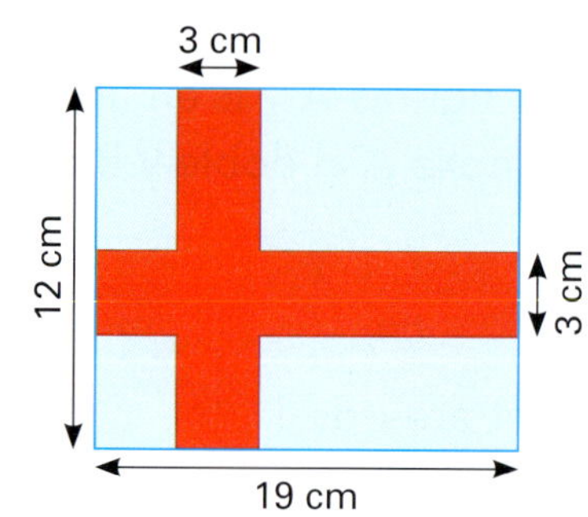

9 Calcula el área y el perímetro de estas figuras. Todas las medidas están en metros.

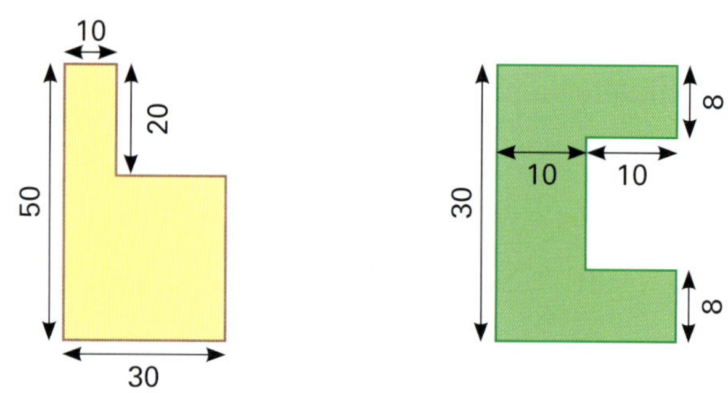

10 Una rueda de bicicleta tiene un radio de 30 cm:

a. ¿Qué distancia avanza la bicicleta con un giro completo de la rueda?

b. ¿Cuántas vueltas tiene que dar la rueda para recorrer 10 km? Puedes utilizar la calculadora.

c. ¿Cuánto habrá recorrido si da 8.000 vueltas?

11 Una plazoleta tiene forma de semicírculo de 11 m de diámetro. Calcula su área.

12 Dibuja en el cuaderno una circunferencia de 10 cm de diámetro y traza en ella un radio. Dibuja la recta tangente que pasa por el extremo del radio que has trazado. ¿Qué ángulo forman la recta tangente y el radio?

Compruébalo con el transportador.

Profundiza

13 La gran noria de Singapur mide 150 m de diámetro y tarda 30 min en dar una vuelta. ¿Qué distancia recorre una cabina en 10 min?

14 Calcula el área de la superficie de color rojo de esta señal de tráfico y describe los pasos intermedios que des.

¿Qué significa esta señal?

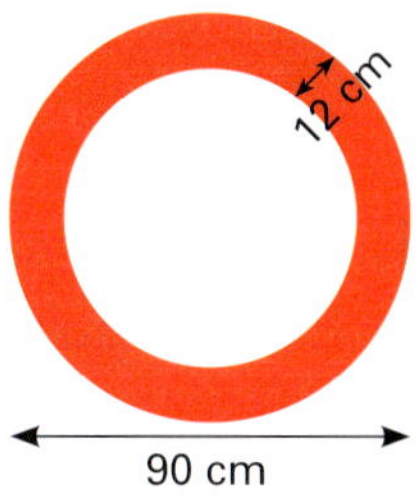

15 ¿Cuánto debe medir el lado de un triángulo equilátero para que su perímetro coincida con la longitud de una circunferencia de radio 3 cm?

16 Fíjate en estas figuras:

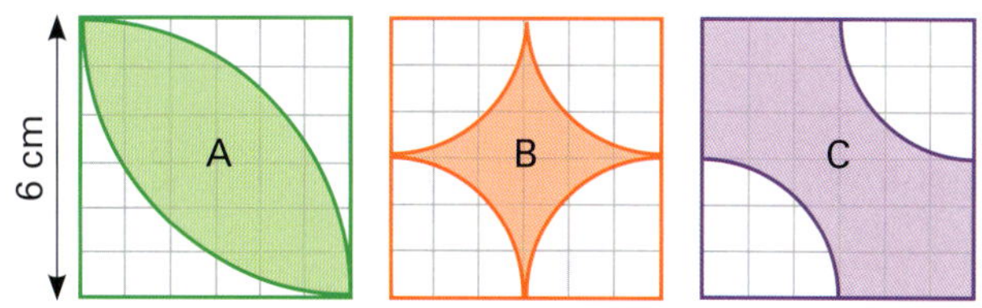

a. Las curvas que delimitan las superficies A, B y C son arcos de circunferencia. ¿Cuál es el centro de cada una? ¿Y el radio?

b. Dibuja las figuras en el cuaderno.

c. Calcula el área de las superficies A, B y C. Detalla los pasos intermedios que des.

17 Dos banderines semejantes tienen las bases de 18 cm y 24 cm. Si la altura del banderín pequeño es de 45 cm, ¿cuál es el área del grande?

Explica cómo lo resuelves a los compañeros y las compañeras.

Activa tu mente

18 Fíjate en esta serie de números:

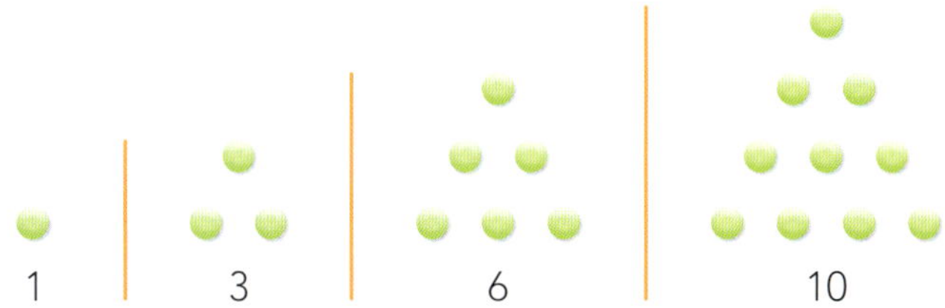

Se llaman **números triangulares** porque son el número de bolitas necesarias para construir triángulos equiláteros.

a. Escribe y dibuja en el cuaderno los dos números siguientes de la serie.

b. Sin hacer dibujos, escribe el séptimo número triangular y explica cómo lo has encontrado.

c. Fíjate en cómo podemos calcular el cuarto número de la serie.

¿Cuál será el décimo número triangular? ¿Y el vigésimo?

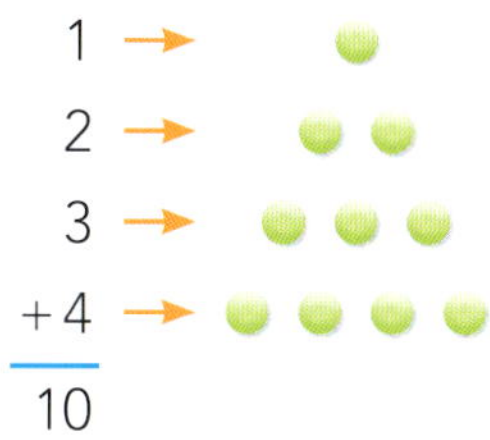

Cálculo mental

exploradordigital Geometría www.tiching.com/686581

Dividir entre 5

325 : 5

325 × 2 : 10

650 : 10 = 65

Dividir entre 5 es lo mismo que multiplicar por 2 y dividir el resultado entre 10.

Resuelve:

515 : 5	205 : 5	440 : 5	610 : 5	135 : 5
345 : 5	530 : 5	705 : 5	800 : 5	215 : 5

Repaso

1. El ganador de un maratón hizo un tiempo de 2 h 25 min 47 s. El segundo clasificado llegó 15 s más tarde, y el último, a 38 min 13 s del ganador.

¿Cuáles fueron los tiempos del segundo y del último clasificado?

2. Copia y completa la tabla en el cuaderno:

precio (€)	21 % IVA (€)	precio final (€)
100	21	121
50	...	...
7,32	...	...
15,80	...	...
450	...	...
114,99	...	...

3. Fíjate en las figuras e indica en el cuaderno los valores de los ángulos Â y B̂ :

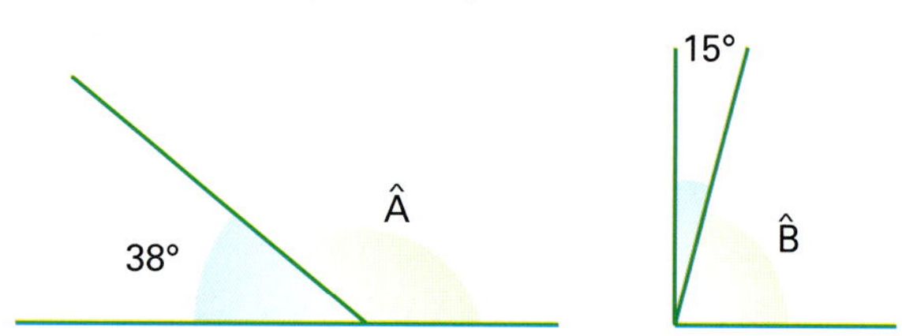

4. Completa en el cuaderno la tabla siguiente:

	10	1.000	400	24	50	80
50 %	5	...	...	...	...	...
25 %	...	...	...	...	...	...
15 %	...	...	...	...	...	...
10 %	...	...	...	...	...	...
5 %	...	...	...	...	...	...

5. Para calcular el 35 % de 180 con la calculadora, Pilar ha pulsado las teclas siguientes:

1 8 0 × . 3 5 =

Y ha obtenido este resultado:

63

a. Justifica el procedimiento que ha utilizado Pilar.

b. Utiliza el mismo método para calcular los porcentajes siguientes:

72 % de 3.200	7 % de 350
12 % de 482	16 % de 324
30 % de 36,45	56 % de 8.250
16 % de 21,18	39 % de 69,5

Resolución de problemas

Aprende a... elegir los datos que faltan en un enunciado.

Copia los enunciados de los problemas siguientes en el cuaderno y observa cómo se han resuelto para completar los datos que faltan:

1. Un coche consume ... L de gasolina cada ... km. ¿Cuántos litros de gasolina consumirá en un trayecto de ... km?

   Operaciones:

   4,8 : 100 = 0,048

   0,048 × 255 = 12,24

   Solución: Consumirá 12,24 L.

2. He comprado ... botes de refresco a ... € cada uno y he pagado con ... monedas de ... €. ¿Cuánto tienen que devolverme?

   Operaciones:

   12 × 0,40 = 4,80

   3 × 2 = 6

   6 – 4,80 = 1,20

   Solución: Tienen que devolverme 1,20 €.

3. En una caja hay ... botellas, y en cada botella, ... L de aceite. ¿Cuántos litros hay en ... cajas?

   Operaciones:

   12 × 0,75 = 9

   9 × 4 = 36

   Solución: Hay 36 L de aceite.

4. Andrés tiene ... € y Ana tiene ... € menos que Andrés. ¿Cuánto dinero tienen entre los dos?

   Operaciones:

   15,50 – 6,20 = 9,30

   15,50 + 9,30 = 24,80

   Solución: Entre los dos tienen 24,80 €.

5. Pablo compra ... kg de peras a ... € el kilo y paga con ... €. ¿Cuánto tienen que devolverle?

   Operaciones:

   0,575 × 3,40 = 1,955 → 1,96

   5 – 1,96 = 3,04

   Solución: Tienen que devolverle 3,04 €.

Aplico mis conocimientos

Interpretar una nómina

El recibo de nómina es la hoja de pago que entrega una empresa a cada uno de sus trabajadores. Fíjate en la nómina del mes de julio de Sandra:

RECIBO DE NÓMINA

Periodo de liquidación: 01/07/2014 a 31/07/2014 **Días:** 31

mes de pago: julio

Nombre del trabajador: SANDRA VALLE **NIF:** 36478485

Cargo: encargada de sección

Percepciones y deducciones

Sueldo bruto	1.500 €
Deducciones	270 €
Sueldo neto	1.230 €
Sueldo bruto anual acumulado	10.500 €

a. ¿Cuánto dinero ingresó la empresa en la cuenta de Sandra el 31 de julio?

b. ¿Cuánto dinero le ha costado a la empresa el trabajo de Sandra del mes de julio?

c. ¿A qué crees que se refieren las deducciones?

d. ¿Qué porcentaje del sueldo bruto representan las deducciones?

e. Sandra tiene 12 pagas iguales a lo largo del año. ¿Qué representa el valor 10.500 €? ¿Cómo se ha calculado?

14 CUERPOS GEOMÉTRICOS Y VOLÚMENES

1. La altura de La Géode equivale a la de un edificio de 12 pisos. Utiliza la proporcionalidad para hallar la equivalencia en pisos de las alturas de las otras dos estructuras.

2. Fíjate en el detalle de la superficie del Spaceship Earth:
   a. ¿Cuántos triángulos hay dentro del triángulo rojo?
   b. Si en toda la esfera hay 960 triángulos como el rojo, ¿cuántos triángulos hay en total?
   c. ¿Cuántas "puntas" hay en la superficie de la esfera?

3. Cada placa triangular que cubre La Géode mide 120 cm de base y 104 cm de altura. Calcula:
   a. El área de cada placa.
   b. El área de toda la esfera. Expresa el resultado en la unidad que consideres más adecuada.

4. Fíjate en las fotografías de las estructuras de cada edificio. Identifica en cada una un trapecio, un paralelogramo, un hexágono y un polígono cóncavo.

LEE Y COMPARTE

- ¿Cuál de las tres construcciones es la más moderna? ¿Y la más antigua?
- ¿En qué país se encuentra La Géode?
- ¿Cuál es la figura que se encuentra en todas las estructuras?
- Ordena las tres esferas según el diámetro, de mayor a menor.
- ¿Cuál de los tres edificios es un museo?

La Géode (Francia) es un cine esférico de 36 m de diámetro equivalente a un edificio de 12 pisos. Su superficie actúa como un espejo gigantesco. Se construyó en 1985.

La estructura está cubierta por 6.433 triángulos equiláteros de acero inoxidable y 1,20 m de lado.

La **Biosphère de Montreal** (Canadá) fue diseñada por el arquitecto Richard Buckminster Fuller y aloja en su interior un museo sobre el medio ambiente. El edificio, construido en 1967, tenía 76 m de diámetro y estaba cubierto por celdas de material plástico. En 1976 un incendio quemó el plástico y dejó intacta la estructura de acero.

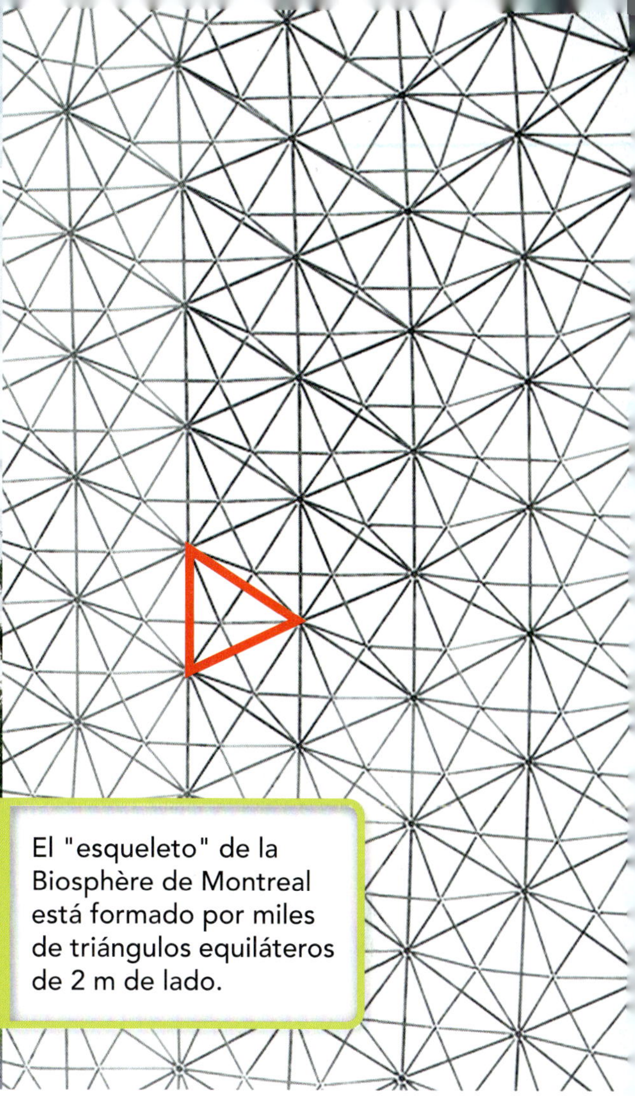

El "esqueleto" de la Biosphère de Montreal está formado por miles de triángulos equiláteros de 2 m de lado.

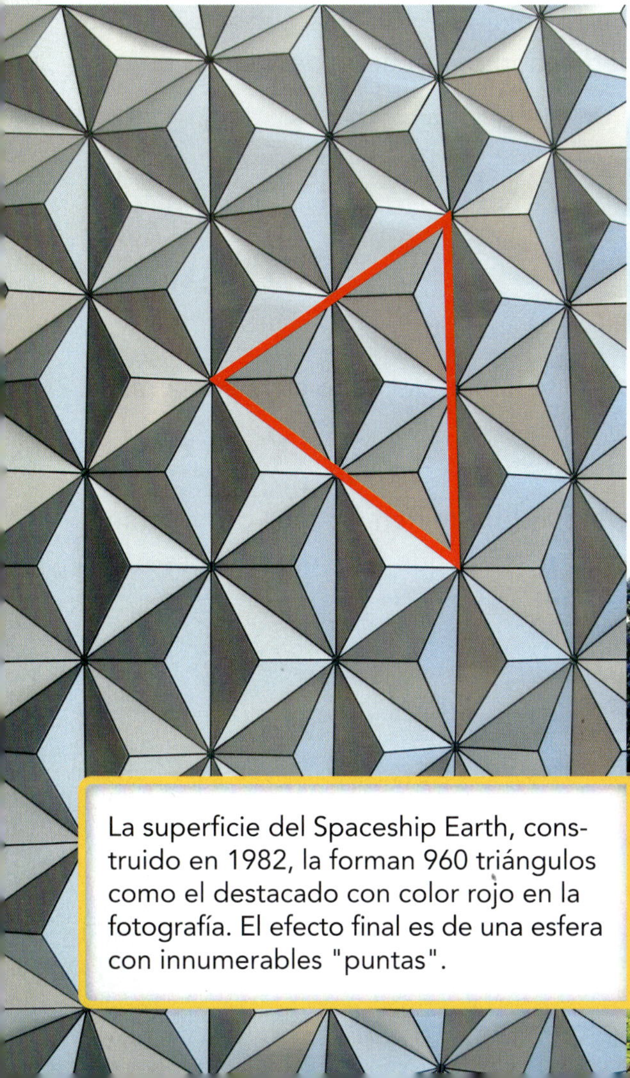

La superficie del Spaceship Earth, construido en 1982, la forman 960 triángulos como el destacado con color rojo en la fotografía. El efecto final es de una esfera con innumerables "puntas".

El **Spaceship Earth** (Estados Unidos) es una esfera de 50 m de diámetro en la que se exhiben espectáculos audiovisuales. Tiene una altura de 55 m. La superficie exterior es de aluminio y plástico.

1. Volúmenes del cubo y del ortoedro

Un poliedro con todas las caras rectangulares se denomina **ortoedro**. Si todas las caras son cuadrados, es un **cubo**.

Observa cómo se calcula el volumen de estos cuerpos geométricos:

ortoedro

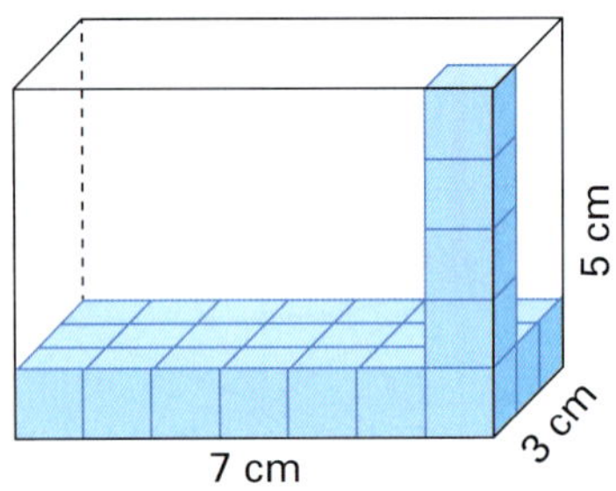

$7 \times 3 \times 5 = 105$

$V = 105\ cm^3$

cubo

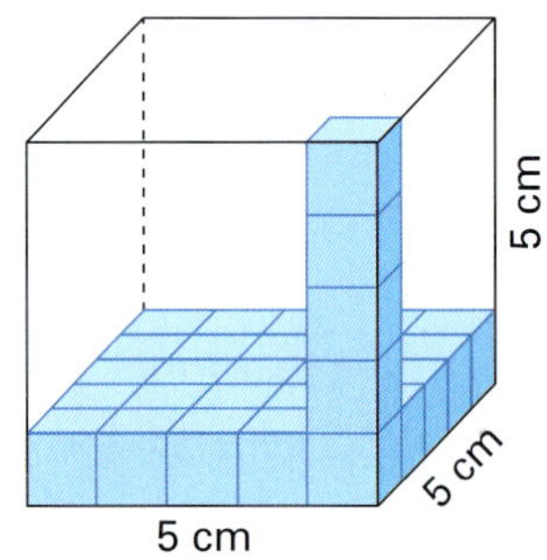

$5 \times 5 \times 5 = 125$

$V = 125\ cm^3$

1 Calcula el volumen de estos ortoedros sabiendo que el volumen de cada cubo es de 1 cm^3:

a.

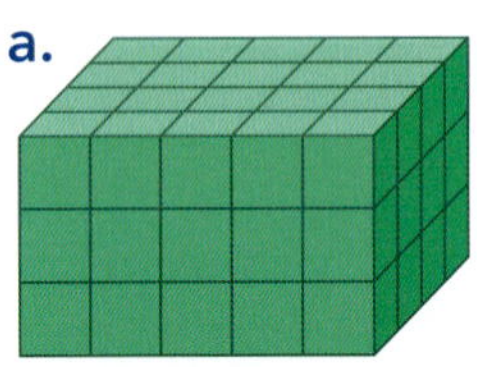

b.

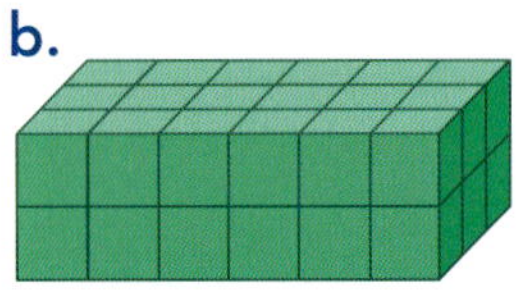

2 ¿Qué volumen tiene cada ortoedro?

a.

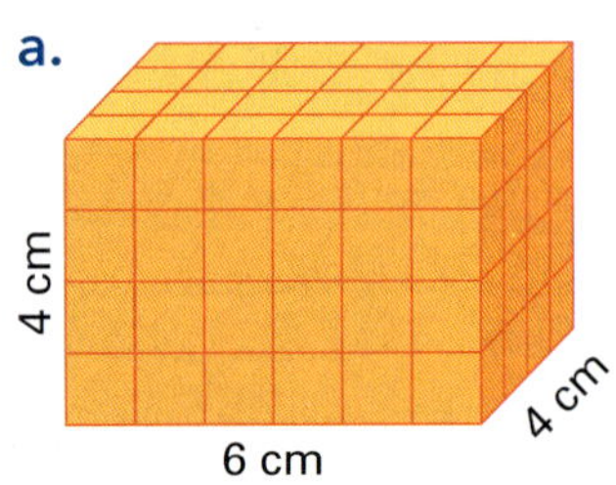

b.

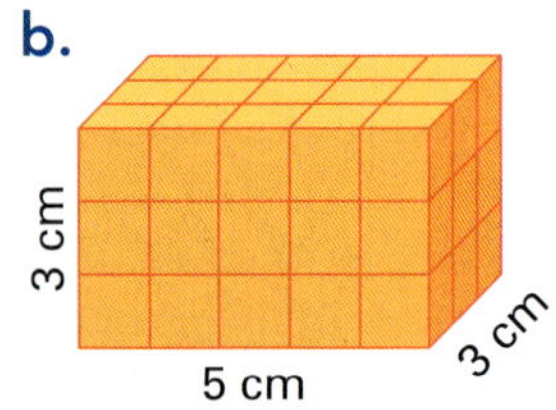

3 Calcula el volumen de un ortoedro cuyas aristas miden:

a. 2 m, 5 m y 7 m

b. 120 cm, 75 cm y 1 m

4 Calcula el volumen de estos cubos sabiendo que cada cubo pequeño mide 1 cm^3:

a.

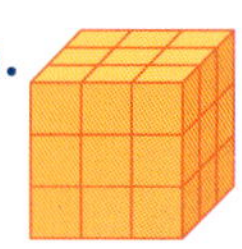

b.

c.

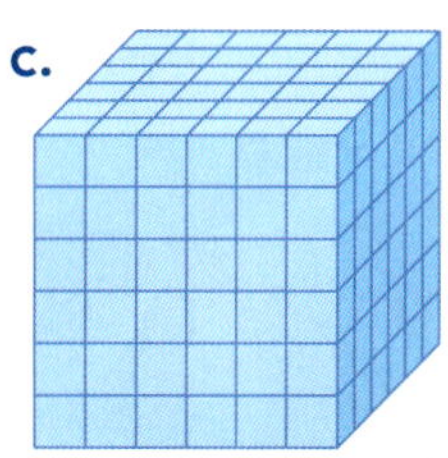

5 Calcula el volumen del cubo cuya arista mide:

a. 5 dm **b.** 10 m **c.** 4,5 m

6 Estos ortoedros miden 72 cm^3 de volumen. Calcula la medida que falta en cada caso:

a.

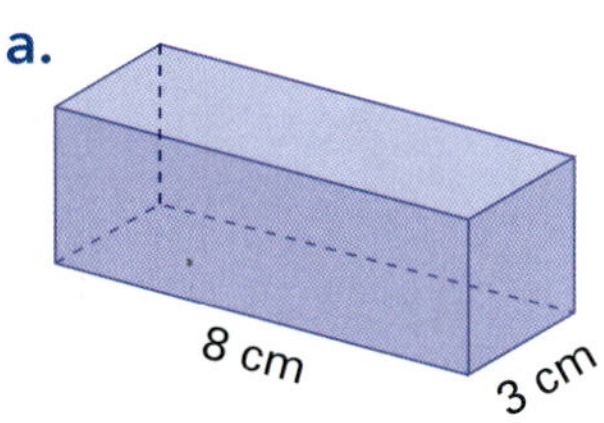

b.

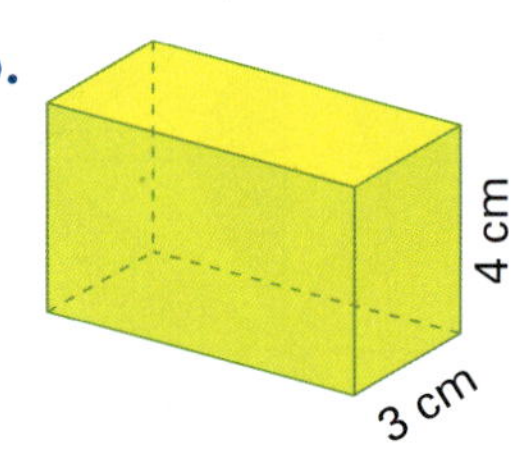

Explica cómo lo has hecho.

Efectúa: $3 \times 8 - 10$ $20 : 5 + 30$ $64 : 8 + 12$ $100 : 2 \times 3$ $11 \times 3 - 7$ $50 : 25 \times 8$ $81 : 9 \times 3$

2. Elementos y volumen del prisma

Los **prismas** son poliedros que tienen dos bases iguales y paralelas. La distancia entre las dos bases es la **altura** del prisma.

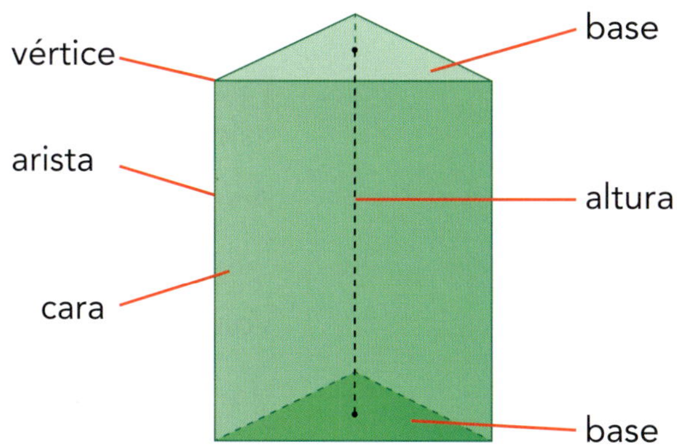

El volumen de un prisma es:

V = área de la base × altura

Ejemplo:

Si la base del prisma es un triángulo de 4 cm de base y 3 cm de altura, y la altura del prisma mide 9 cm, para calcular el volumen hacemos:

Área de la base:

$$\frac{\text{base} \times \text{altura}}{2} = \frac{4 \times 3}{2} = 6$$

Volumen:

V = área de la base × altura =

= 6 × 9 = 54

El volumen es de 54 cm^3.

7 Calcula volumen de estos prismas:

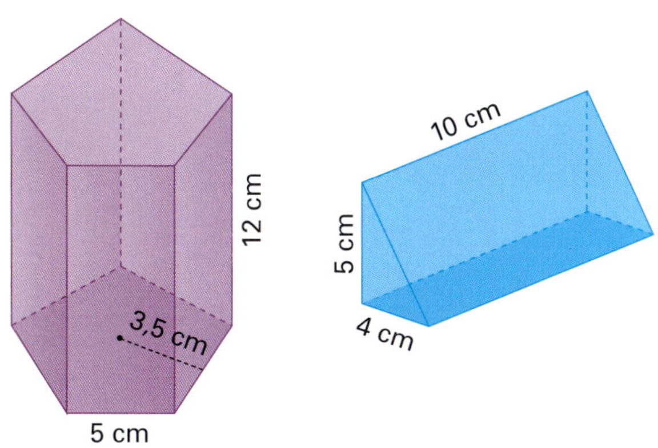

Recuerda que el área de un polígono regular es:

$$\text{Área} = \frac{\text{perímetro} \times \text{apotema}}{2}$$

8 Halla el volumen de una caja de ensaimadas octogonal que mide 5 cm de altura y cuya base tiene 12,5 cm de lado y 15 cm de apotema.

9 Calcula la altura de un prisma de 486 cm^3 sabiendo que el área de la base es de 81 cm^2. Explica cómo lo resuelves.

10 Halla el volumen, en metros cúbicos, del prisma que cubre el edificio Fórum de Barcelona.

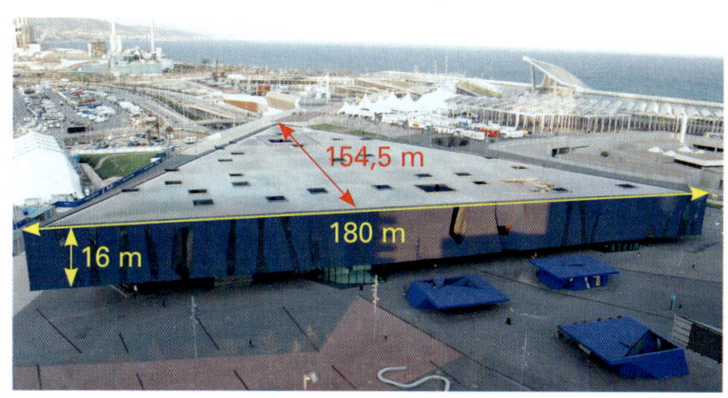

11 La Torre Picasso, en Madrid, es un prisma de 157 m de altura y con una base rectangular de 38 m × 50 m. Calcula su volumen. Compáralo con el del Graf Zeppelin, que tenía unos 105.000 m^3.

3. Elementos y volumen de la pirámide

Las **pirámides** son poliedros que tienen una sola base y cuyas caras laterales son triángulos. La distancia desde el vértice superior hasta la base es la **altura** de la pirámide.

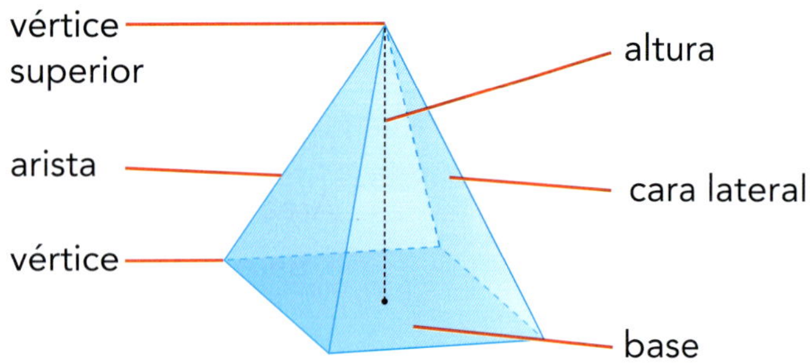

El volumen de una pirámide es:

$$V = \frac{\text{área de la base} \times \text{altura}}{3}$$

Ejemplo:

Si la base de la pirámide es un cuadrado de 5 cm de lado y su altura es de 9 cm, para calcular el volumen hacemos:

Área de la base:

lado × lado = 5 × 5 = 25

Volumen:

$$V = \frac{\text{área de la base} \times \text{altura}}{3} = \frac{25 \times 9}{3} = 75$$

El volumen es de 75 cm^3.

12 Calcula el volumen de estas pirámides de base cuadrada. ¿Cuántas pirámides como la de Astaná caben dentro de la pirámide de Keops?

Keops (Egipto)
altura: 138,8 m
lado de la base: 230,4 m

Astaná (Kazajistán)
altura: 62 m
lado de la base: 60 m

13 Calcula el volumen de cada una de estas pirámides:

a.

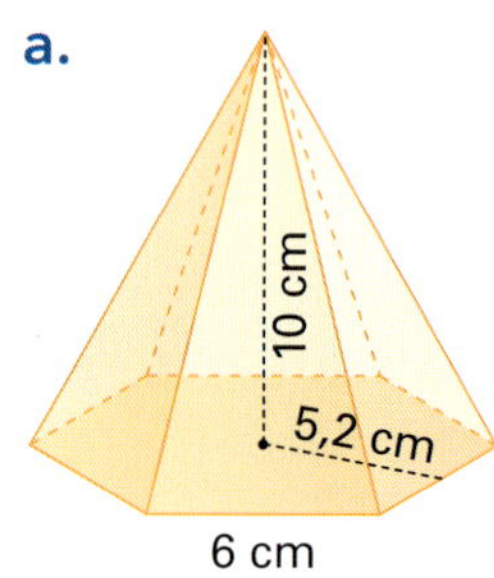

b.

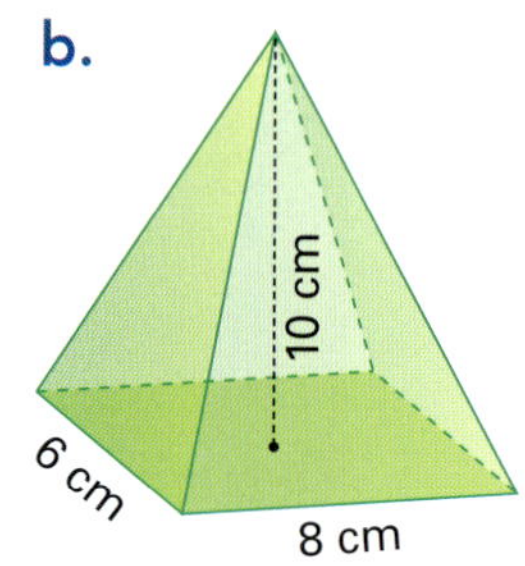

14 Calcula la altura de esta pirámide sabiendo que tiene un volumen de 60 dm^3 y que el área de la base es de 30 dm^2.

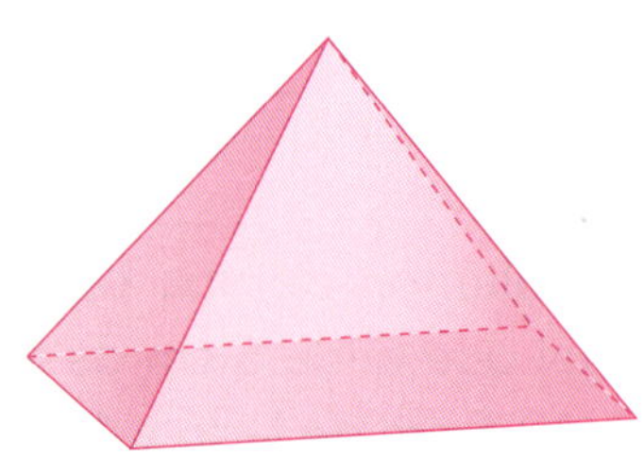

Explica cómo lo resuelves.

Resta: 250 – 29 540 – 19 670 – 49 780 – 39 390 – 59 760 – 19 480 – 39

4. Elementos y volumen del cilindro

El **cilindro** es un cuerpo redondo que tiene dos superficies planas, que son círculos, y una superficie curva.

Fíjate en sus elementos:

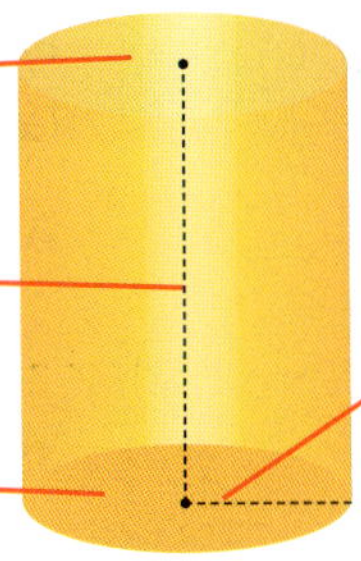

El volumen de un cilindro es:

V = área de la base × altura

Como la base es un círculo de radio r, podemos escribir: $V = \pi \times r^2 \times h$

Ejemplo:

Si la base del cilindro es un círculo de 4 cm de radio y la altura mide 10 cm, para calcular el volumen hacemos:

Área de la base:

$\pi \times r^2 = 3{,}14 \times 4^2 = 50{,}24$

Volumen:

$V = \pi \times r^2 \times h =$

$= 50{,}24 \times 10 = 502{,}4$

El volumen es de 502,4 cm^3.

15 ¿Cuál es el volumen de un cilindro si el área de la base es de 30 cm^2 y mide 15 cm de altura?

16 Calcula el volumen de un cilindro de 8 cm de altura sabiendo que la base es un círculo de 5 cm de diámetro.

17 Calcula el volumen de la torre cilíndrica Westhafen de Frankfurt (Alemania), sabiendo que tiene estas dimensiones:

altura: 110 m

diámetro de la base: 32 m

18 Calcula el volumen de los cilindros siguientes:

a. radio: 8 cm; altura: 13 cm

b. diámetro: 12 cm; altura: 15 cm

19 ¿Cuáles serán la base y la altura del cilindro que se origina cuando giramos el rectángulo de la figura como se indica?

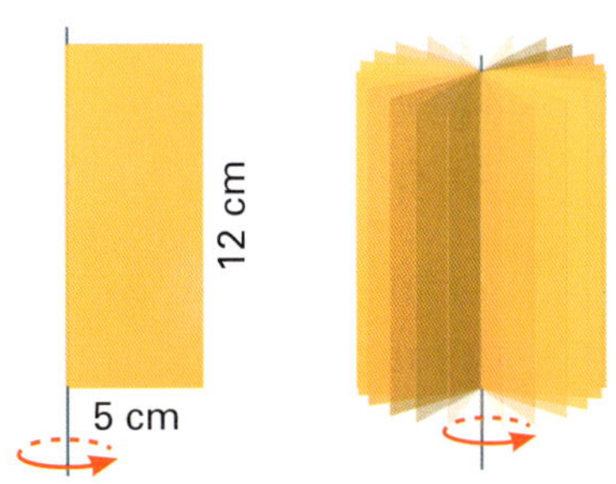

Calcula su volumen.

20 Las dimensiones de un cilindro son 5 cm y 8 cm pero desconocemos cuál corresponde al radio y cuál a la altura. Sonia dice que para el cálculo del volumen da igual, que el resultado es el mismo. ¿Crees que tiene razón?

Haz los cálculos y comprueba la respuesta.

5. Elementos y volumen del cono

El **cono** es un cuerpo redondo que tiene una superficie plana, que es un círculo, y una superficie curva.

Fíjate en sus elementos:

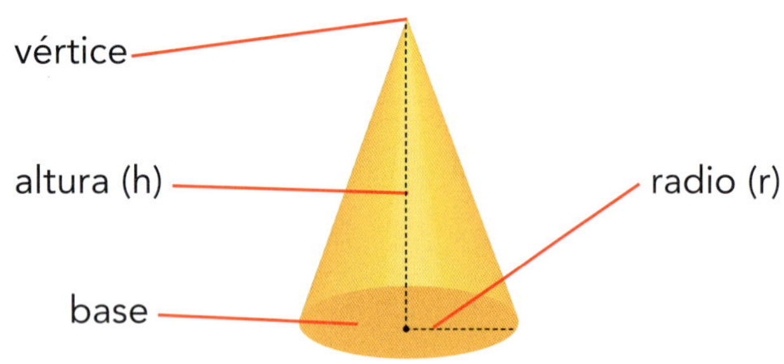

El volumen de un cono es:

$$V = \frac{\text{área de la base} \times \text{altura}}{3}$$

Como la base es un círculo de radio r, podemos escribir: $V = \dfrac{\pi \times r^2 \times h}{3}$

Ejemplo:

Si la base del cono es un círculo de 5 cm de radio y la altura mide 9 cm, para calcular el volumen hacemos:

Área de la base:

$\pi \times r^2 = 3{,}14 \times 5^2 = 78{,}5$

Volumen:

$$V = \frac{\pi \times r^2 \times h}{3} = \frac{78{,}5 \times 9}{3} = 235{,}5$$

El volumen es de 235,5 cm^3.

21 ¿Cuál es el volumen de un cono que mide 50 cm^2 de área de la base y 12 cm de altura?

22 Calcula el volumen de los conos siguientes:

a. radio: 4 cm; altura: 11 cm

b. diámetro: 24 cm; altura: 35 cm

23 Calcula la altura de un cono de 200 cm^3 de volumen sabiendo que el área de la base es de 30 cm^2. Explica cómo lo resuelves.

24 ¿Cuáles serán la base y la altura del cono que se origina cuando giramos el triángulo rectángulo de la figura como se indica?

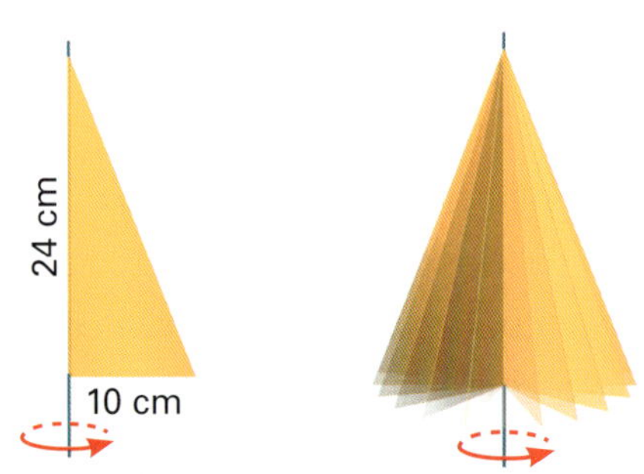

Calcula su volumen.

25 Calcula el volumen de la cúpula cónica central de la catedral de Maringá, en Brasil, sabiendo que tiene una altura de 124 m y que la base tiene un diámetro de 50 m.

26 Busca en Internet edificios y monumentos con forma de cono. Comenta con los compañeros y las compañeras lo que has encontrado.

6. Elementos y volumen de la esfera

La **esfera** es un cuerpo redondo que tiene una única superficie, que es curva.

Fíjate en sus elementos:

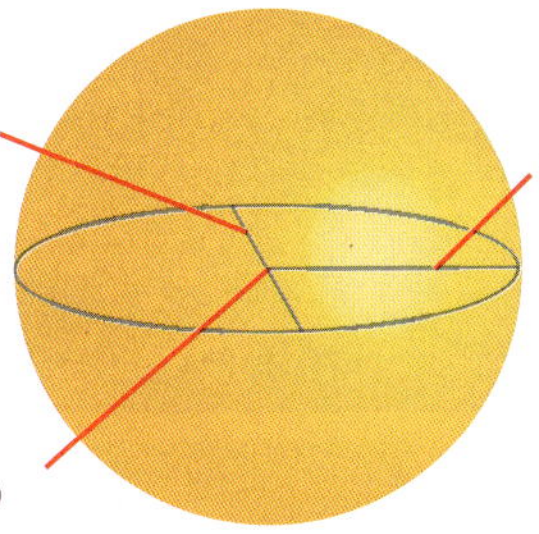

El volumen de una esfera es:

$$V = \frac{4}{3} \times \pi \times r^3$$

Por ejemplo, el volumen de una esfera de radio 5 cm es: $V = \frac{4}{3} \times 3{,}14 \times 5^3 = 523{,}33 \text{ cm}^3$

27 Calcula el volumen de las esferas siguientes:

a. radio: 6 cm

b. radio: 12 m

c. diámetro: 9 dm

d. diámetro: 40 m

28 Al girar un semicírculo alrededor del diámetro, se origina una esfera. Si el diámetro del semicírculo mide 7 cm, ¿cuál será el volumen de la esfera?

29 La torre de TV de Shanghái tiene tres esferas. La más grande tiene un diámetro de 50 m. La que está situada un poco más arriba tiene un diámetro de 45 m y la que está a más altura mide 7 m de radio.

Calcula el volumen de cada una.

30 Halla el volumen de estas pelotas y contesta:

radio: 11 cm

diámetro: 23 cm

diámetro: 6,5 cm

radio: 2,15 cm

¿Cuántas veces cabe una pelota de golf en una pelota de fútbol? ¿Y en una pelota de baloncesto?

31 Calcula el volumen de una esfera que mide 2 m de radio y el de otra que mide 4 m de radio. ¿Es cierto que duplicando el radio de una esfera se duplica su volumen? Razónalo.

Suma: 345 + 75   215 + 55   565 + 85   655 + 95   725 + 85   885 + 75   165 + 65   295 + 25

Actividades

Practica

1 Calcula el volumen de estos acuarios en forma de ortoedro i escoge la etiqueta que corresponde a cada uno:

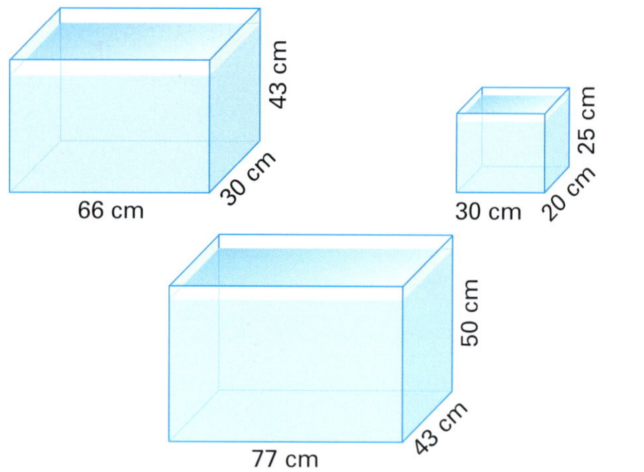

14 L | 72 L | 25 L | 160 L | 35 L | 83 L

2 Calcula el volumen de estos cuerpos:

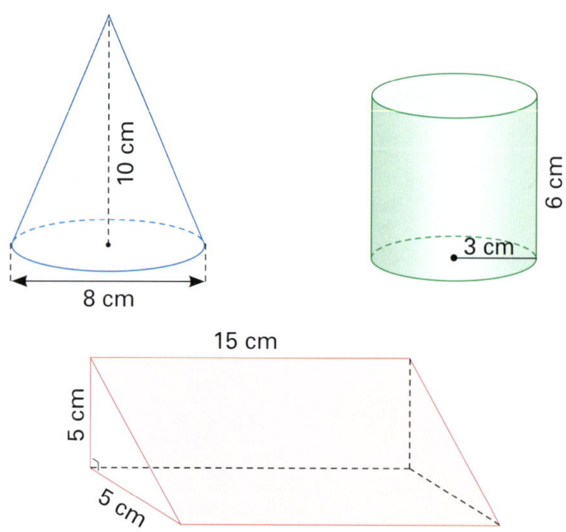

3 Ordena los cuerpos siguientes según el volumen, de menor a mayor:

a. Pirámide de 5 cm de altura, cuya base es un pentágono regular de 2 cm de lado y 1,4 cm de apotema.

b. Prisma de 4,5 cm de altura, cuya base es un triángulo que mide 3 cm de base y 1,8 cm de altura.

c. Esfera de 3,7 cm de radio.

Resuelve problemas

4 Calcula el volumen de estos edificios:

a. Centro Acuático Nacional de Pekín
base: rectángulo de 120 m × 80 m
altura: 31 m

b. Pirámide del Museo del Louvre (París)
base: cuadrado de 35,42 m de lado
altura: 20,6 m

c. Edificio Flatiron (Nueva York)
base: triángulo rectángulo de 53 m de base y 30 m de altura
altura: 87 m

5 ¿Cuántos litros de agua caben en un depósito cilíndrico de 6 m de diámetro y 9 m de altura?

6 Calcula el volumen de cada objeto:

7 ¿Cuántos centímetros cúbicos de helado hay en un cucurucho de 12 cm de altura y 5 cm de diámetro si sobresalen 32 cm^3 de helado?

8 El radio de la Tierra mide 6.400 km, y el de la Luna, 1.730 km. Calcula cuántas veces es mayor el volumen de la Tierra que el de la Luna.

9 Una piscina desmontable con forma de ortoedro mide 1,50 m × 1 m × 40 cm:

a. ¿Cuántos litros de agua caben en ella?

b. ¿Cuánto tiempo necesita un grifo para llenarla si vierte 15 L por minuto? ¿Y para llenarla solo hasta una altura de 30 cm?

10 Un jarrón tiene la forma de un prisma de 30 cm de altura y base cuadrada de 10 cm de lado.

¿Cuántas botellas de agua de 1,5 L son necesarias para llenar los dos tercios del jarrón?

11 El orificio de un tubo de dentífrico de 75 mL tiene un diámetro de 1 cm. Cada vez que Pedro se cepilla los dientes, deposita en el cepillo un cilindro de dentífrico de 1,5 cm de longitud:

a. Calcula el volumen de dentífrico que usa Pedro cada vez que se cepilla los dientes.

b. ¿Cuántos días le durará el tubo de dentífrico si se cepilla los dientes 3 veces al día?

Profundiza

12 Calcula el volumen del prisma cuyo desarrollo plano es el que se muestra a la derecha.

¿Qué prisma es?

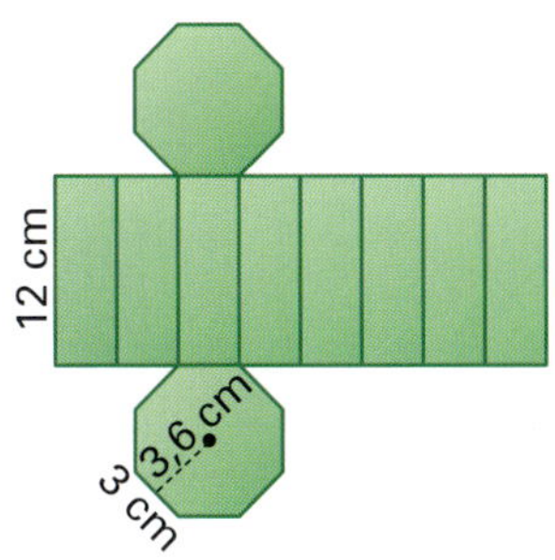

13 Razona si esta frase es verdadera o falsa:

"El volumen de un cilindro es tres veces el volumen de un cono de la misma altura y el mismo radio."

14 Se introduce una bola de plomo de 2 cm de radio en un vaso cilíndrico de 6 cm de diámetro y 10 cm de altura.

Calcula el volumen de agua necesario para llenar el vaso hasta el borde y explica a tus compañeros y compañeras cómo lo haces.

15 Esta caja contiene 6 vasos cilíndricos. Calcula el radio, la altura y el volumen de cada vaso.

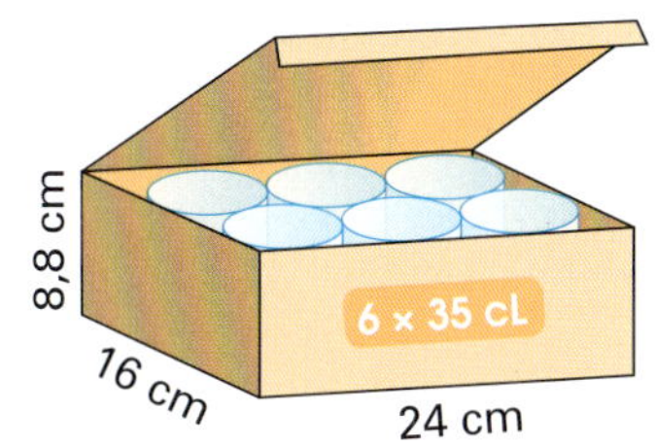

Justifica por qué en la caja se indica que los vasos son de 35 cL.

16 Calcula el volumen de este cuerpo geométrico.

Explica a los compañeros y compañeras cómo lo haces.

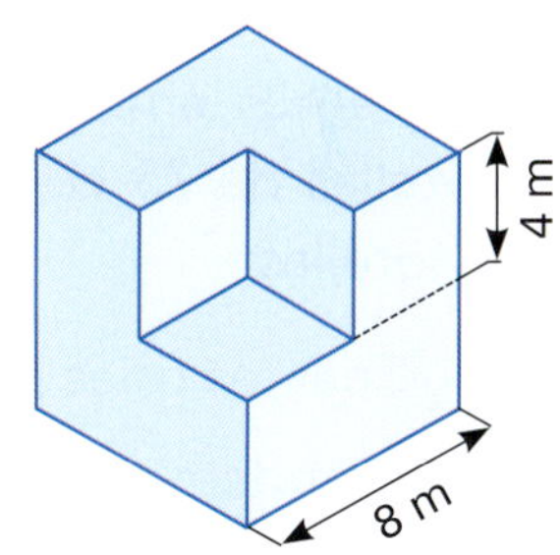

Activa tu mente

17 Se han envuelto dos cajas iguales de dos modos distintos. ¿En cuál se ha usado más cinta? ¿Cuánta más?

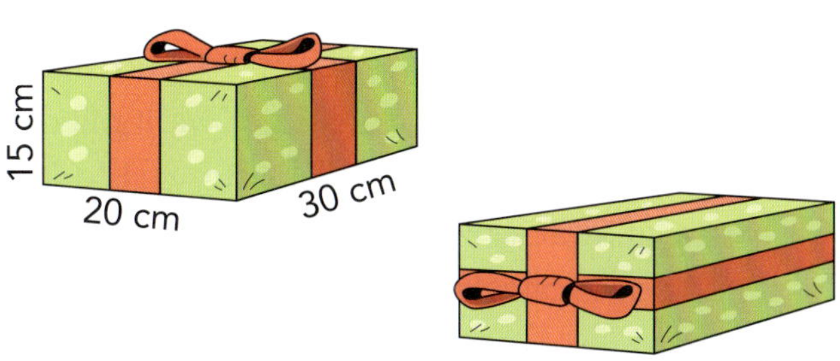

18 Las figuras siguientes representan objetos imposibles. Cálcalas en tu cuaderno y modifica un pequeño detalle para obtener objetos que se puedan construir:

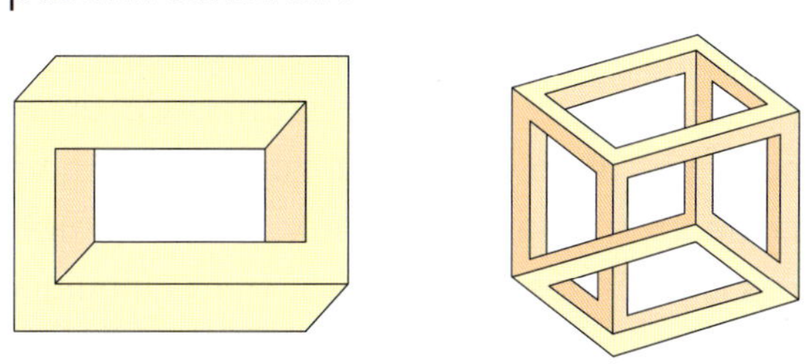

Cálculo mental

Multiplicar por 0,5

4,6 × 0,5 = 2,30	⟷	4,6 : 2 = 2,3 (resto 0)

Multiplicar un número por 0,5 es lo mismo que dividirlo entre 2.

exploradora@digital
Construcciones con bloques
www.tiching.com/686582

Resuelve:

0,8 × 0,5	0,42 × 0,5	2,8 × 0,5	1,2 × 0,5	4,02 × 0,5
0,28 × 0,5	1,8 × 0,5	16,6 × 0,5	30,5 × 0,5	24,2 × 0,5

Repaso

1. Haz estas operaciones en el cuaderno:

2 h 45 min 52 s	3 h 24 min 13 s
+ 1 h 25 min 16 s	− 2 h 15 min 47 s

2. Una máquina tarda 23 s en fabricar una pieza. ¿Cuánto tardará en fabricar 200 piezas iguales? Expresa el resultado en la forma … h … min … s.

3. Queremos embotellar 1.170 L de limonada en botellas de 75 cL, que venderemos en cajas de 6 botellas:

a. ¿Cuántas cajas podemos preparar?

b. Si vendemos cada caja a 6,50 €, ¿cuánto dinero obtendremos?

4. ¿Cuánto mide el ángulo $\hat{A}$?

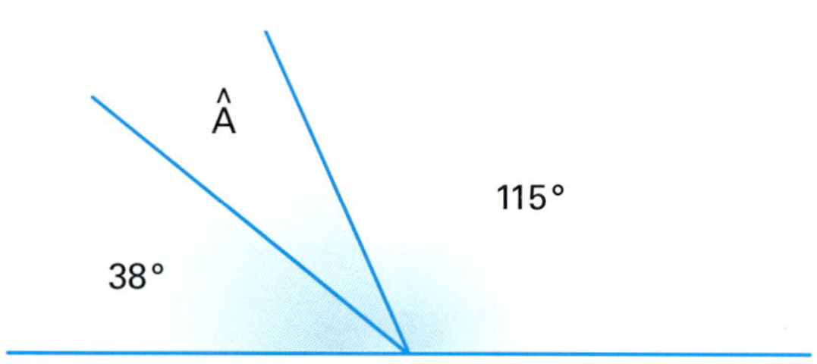

5. Si estamos en el tercer sótano de un edificio y subimos ocho pisos, ¿a qué piso llegamos? Escribe en el cuaderno la suma con números enteros que tienes que realizar para calcularlo.

6. Un cubo tiene 6 caras. Si lo colocamos encima de la mesa, solo podemos ver 5 caras:

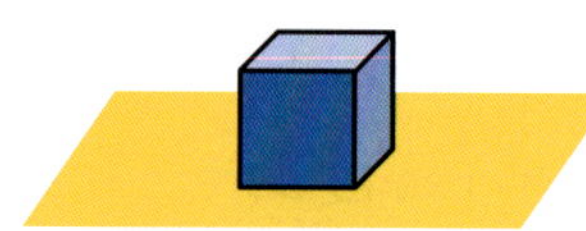

a. ¿Cuántas caras podemos ver en cada torre?

Copia y completa la tabla siguiente y predice cuántas caras verías en una torre de 5 cubos:

n.° de cubos	1	2	3	4
n.° de caras visibles	5	…	…	…

b. ¿Cuántas caras verías en una torre de 10 cubos?

c. María dice que ha encontrado un modo de calcular el número de caras: "Multiplico el número de cubos por 4 y le sumo 1". Justifica esta afirmación y, si tienes otra forma de calcularlo, explícala.

Resolución de problemas

Aprende a... hacer pequeñas investigaciones numéricas.

Corta una tira de papel de 21 cm de largo y de unos 3 cm de ancho:

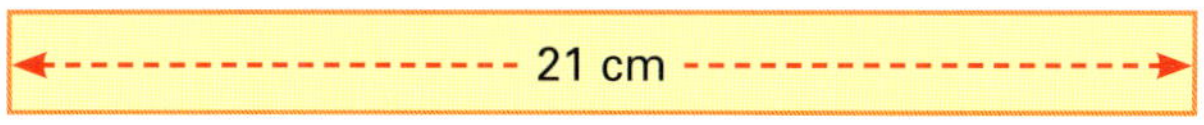

Dobla el papel por la mitad, desdóblalo y verás que ha quedado un pliegue:

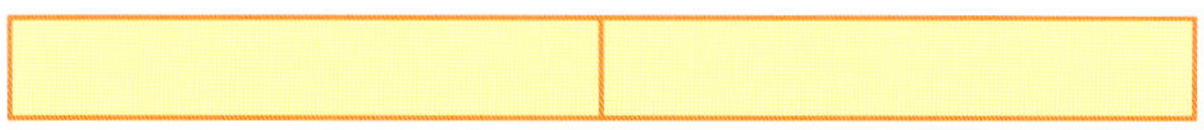

Dóblalo por la mitad dos veces y desdóblalo para ver cuántos pliegues hay en la tira.

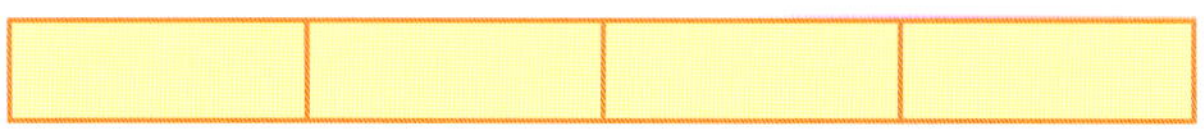

Hay 3 pliegues. Si continuamos doblando por la mitad la tira de papel sucesivamente, ¿cuántos pliegues obtendremos cada vez?

1. Copia y completa en el cuaderno esta tabla:

n.º de dobleces	1	2	3	4	5	6
n.º de pliegues	1	3	...	...	...	...

2. A partir de cinco dobleces la tarea se complica, porque resulta imposible continuar doblando el papel.

Fíjate en la segunda fila de la tabla: ¿qué relación hay entre el número de pliegues de dos dobleces sucesivos?

Discútelo con los compañeros y las compañeras de clase.

3. Utilizando la relación anterior, calcula el número de pliegues que obtendríamos si hiciésemos 10 dobleces.

Aplico mis conocimientos

Leer una tarjeta de embarque

Cuando hacemos un viaje en avión o barco, la compañía aérea o marítima con la que viajamos nos da una tarjeta de embarque. En este documento, imprescindible para embarcar, suele indicarse el punto de acceso, la hora límite de presentación, el asiento...

Fíjate en la tarjeta de embarque de Rosa y contesta en el cuaderno:

Tarjeta de embarque/*Boarding pass*

CANALES, ROSA

Vuelo/*Flight*	Origen/*Origin*	Destino/*Destination*	Código de reserva/*Booking Code*
8877	**Barcelona**	**Santander**	**B3I2JA**
Fecha/*Date*	Salida/*Departure*	Puerta/*Gate*	Inicio de embarque/*Boarding Start*
11 abr	**10:30**	**B12**	**10:05**
Grupo/*Group*	Asiento/*Seat*	Clase/*Class*	Operado por/*Operated by*
GRUPO 2	**7F**	**V**	**LÍNEAS AÉREAS**
Tarjeta de embarque/*Boarding pass*			Número del billete/*Ticket number*
Núm. 002	**ETK 4826165**		

Mostradores de recogida de equipajes: Mostradores de entrega de equipajes: cierran 45 min antes de la salida del vuelo.

Seguridad: El embarque finaliza 15 min antes de la hora de salida.

¡Atención! Su equipaje de mano no puede superar las medidas permitidas: 56 cm, 45 cm, 25 cm

a. ¿Qué vuelo tiene que coger Rosa?

b. Si tiene que facturar una maleta, ¿hasta qué hora tiene tiempo de hacerlo?

c. ¿A qué puerta del aeropuerto tiene que ir para embarcar?

d. ¿Cuánto tiempo dura el embarque? ¿A qué hora termina?

e. ¿Qué es el equipaje de mano? Calcula el volumen máximo que puede tener.

f. Rosa quiere embarcar con esta bolsa. ¿Podrá hacerlo? Discútelo con los compañeros y las compañeras.

g. Si la duración del vuelo es de 1 h 15 min, ¿cuál es la hora de llegada prevista?

15 ESTADÍSTICA Y PROBABILIDAD

1. Fíjate en el gráfico del consumo de fruta fresca en los hogares españoles en 2013 y contesta:

a. ¿Cuántas toneladas de naranjas se consumieron aproximadamente?

b. ¿De qué fruta se consumieron 190.000 t?

2. Fíjate en el calendario de frutas y contesta:

a. ¿Qué frutas son de primavera y verano?

b. ¿Qué frutas de temporada podemos encontrar en abril?

c. ¿En qué meses tendremos cerezas?

d. ¿Qué fruta se encuentra todo el año?

3. La superficie total destinada al cultivo de naranjas en España en 2012 era de 139.931 ha. ¿Qué superficie correspondía a la Comunidad Valenciana? ¿Y a Andalucía?

4. Fíjate en el gráfico de producción de naranjas en España y contesta:

a. ¿En qué años se produjo la cosecha más importante? ¿Cuántas toneladas se produjeron?

b. ¿En qué años se produjeron entre 2.800 y 3.200 miles de toneladas de naranjas?

c. Estima la diferencia aproximada entre la producción de los años 2005 y 2006.

LEE Y COMPARTE

- ¿Qué fruta te gusta más? ¿En qué meses la puedes encontrar en el mercado?
- ¿Qué cantidad de fruta tendríamos que comer cada día?
- ¿Cuánta fruta comes tú?

CONSUMO DE FRUTA FRESCA EN LOS HOGARES ESPAÑOLES (2013)

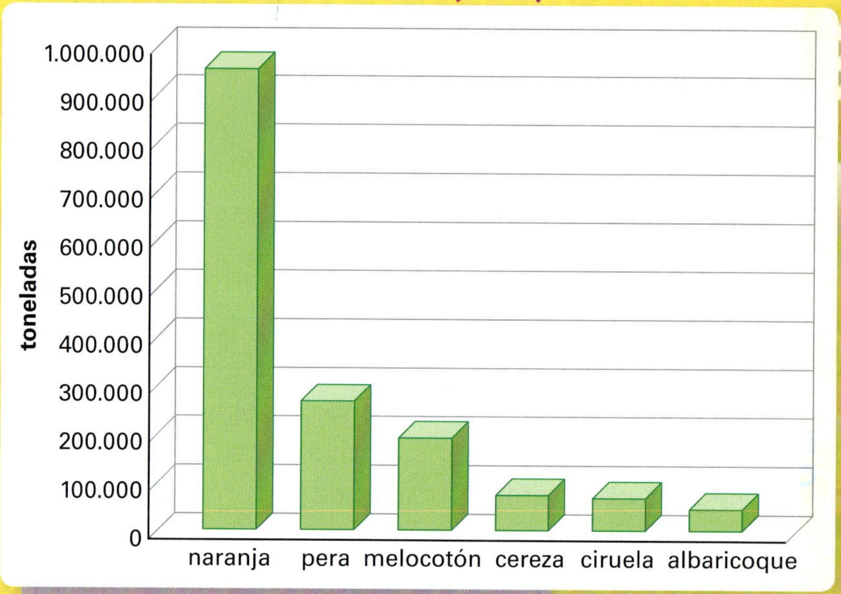

Cada persona tendría que comer 400 g de fruta al día, de dos a cuatro piezas del tamaño de una mandarina.

Cada fruta tiene su época de maduración: son los meses en que está lo suficientemente madura para ser distribuida y consumida.

Aun así, hoy en día podemos encontrar muchas variedades a lo largo del año porque se importan de otros lugares del mundo.

DISTRIBUCIÓN DE LA SUPERFICIE DE CULTIVO DE NARANJAS EN ESPAÑA (2012)

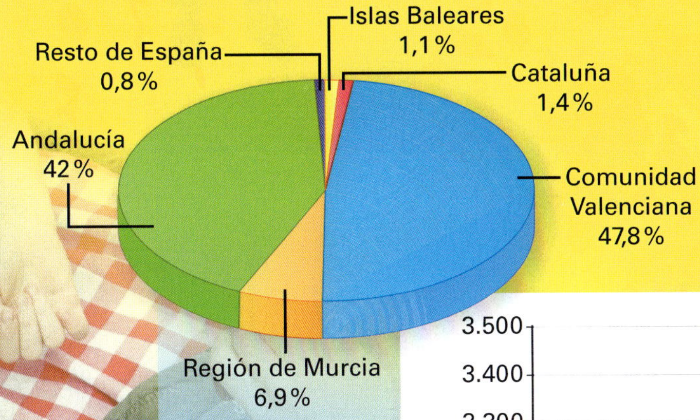

La producción de naranjas en la Comunidad Valenciana es la más importante de España.

PRODUCCIÓN DE NARANJAS EN ESPAÑA (2002-2012)

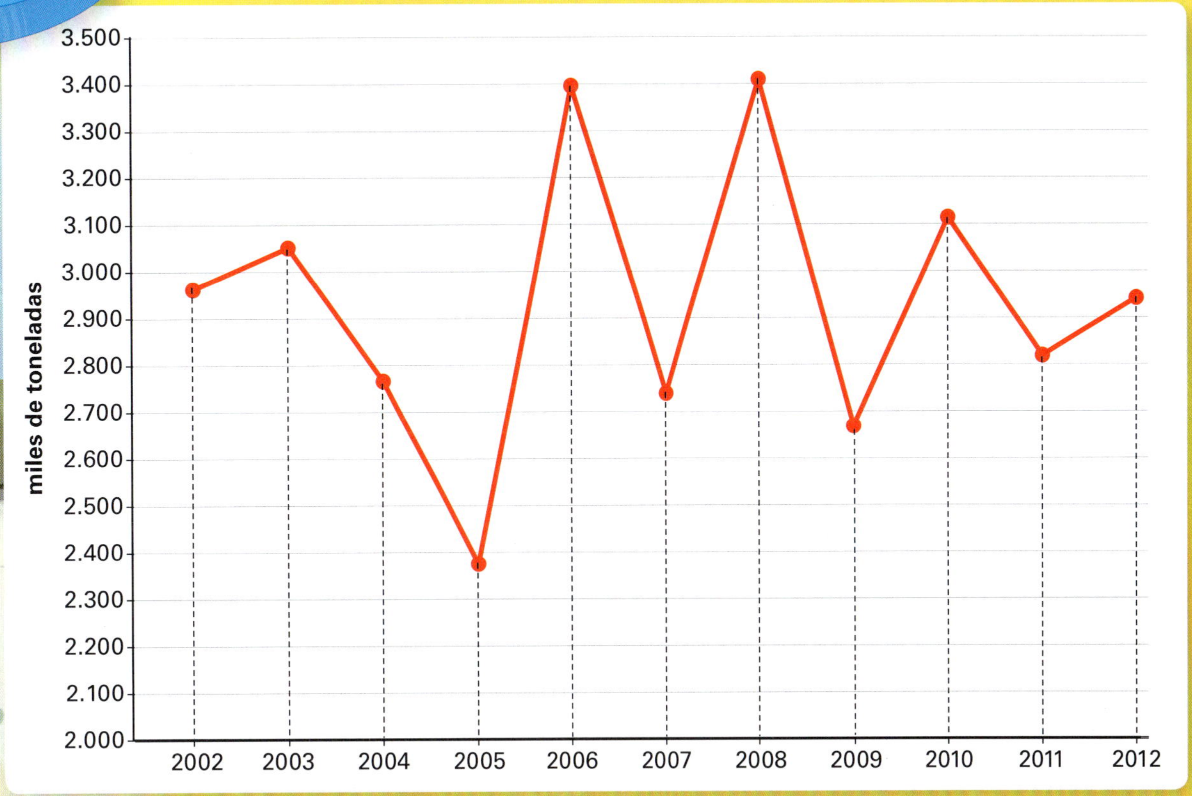

1. Tipos de variables: cualitativas y cuantitativas

Se ha preguntado a un grupo de niños y niñas cuántas veces han ido al cine los tres últimos meses y qué tipo de película les gusta más.

Los resultados se recogen en estas tablas:

visitas al cine	recuento
0	5
1	11
2	8
3	6
4	2
más de 4	1

tipo de película	recuento
acción	10
aventura	8
animación	4
terror	7
comedia	2
otros	2

La característica que estudiamos se llama **variable estadística**.

El número de veces que han ido al cine y el tipo de película que les gusta más son **variables estadísticas**.

Los valores que toma la primera variable son números, mientras que los que toma la segunda no lo son.

Una variable es **cuantitativa** si los valores que toma son números. En caso contrario, la variable es **cualitativa**.

1 Luisa ha anotado la edad del alumnado que hay en los cursos de Primaria de su colegio:

edad (años)	6	7	8	9	10	11	12
n.º de alumnos	30	31	32	26	24	29	32

¿Con qué tipo de variable trabaja Luisa? Razona la respuesta.

2 Indica en el cuaderno qué tipo de variable es cada una de estas:

a. color preferido
b. número de hermanos
c. deporte que se practica
d. año de nacimiento
e. estatura
f. peso
g. color de ojos
h. fruta preferida

3 Una revista publica esta tabla:

Marcas más vendidas en España en 2013	
marca	**n.º de unidades vendidas**
Volkswagen	63.927
Seat	59.096
Peugeot	57.225
Opel	54.445
Renault	53.459

¿Cuál es la variable que presenta esta tabla? ¿De qué tipo es?

4 Escribe dos variables cualitativas y dos cuantitativas. Indica, para cada una, qué pregunta harías con el fin de estudiarlas.

2. Frecuencia absoluta y frecuencia relativa

Preguntamos a un grupo de alumnos de 6.º qué prefieren hacer en los ratos libres. Las respuestas se recogen en la tabla de la derecha.

Con los datos de la tabla podemos elaborar una **tabla de frecuencias**:

actividad	*recuento*
practicar deporte	𝍸 𝍸 |
ver la televisión	𝍸 ||||
leer un libro	||||
jugar con la consola	𝍸 𝍸

actividad	frecuencia absoluta	frecuencia relativa
practicar deporte	11	$\frac{11}{34} \to 0,32$
ver la televisión	9	$\frac{9}{34} \to 0,26$
leer un libro	4	$\frac{4}{34} \to 0,12$
jugar con la consola	10	$\frac{10}{34} \to 0,29$
total datos	34	

La **frecuencia absoluta** es el número de veces que se repite un valor.

La **frecuencia relativa** es el resultado de dividir la frecuencia absoluta entre el número total de datos.

5 Fíjate en el resultado de una encuesta sobre las variedades de pizza que gustan más:

variedad	n.º de personas
cuatro quesos	210
atún	95
beicon	120
cuatro estaciones	175

a. Di cuántas personas respondieron a la encuesta.

b. Copia la tabla y añade la columna de las frecuencias relativas. Utiliza la calculadora y redondea los resultados a las centésimas.

c. ¿Cuánto suman las frecuencias relativas?

6 Este gráfico muestra qué animal de compañía prefiere el alumnado de sexto curso:

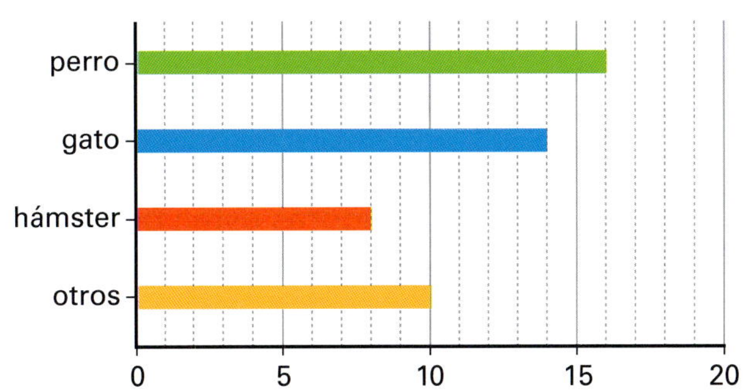

a. ¿Cuántos alumnos respondieron en total?

b. Haz en el cuaderno la tabla de frecuencias absolutas y relativas.

c. Suma las fracciones correspondientes a las frecuencias relativas. ¿Qué observas?

3. Media aritmética

Las puntuaciones obtenidas por una gimnasta en el ejercicio de barras paralelas son:

9,7 8,7 9,0 8,7 9,3 9,2

Para obtener la puntuación final, hacemos la media aritmética de las puntuaciones: las sumamos todas y dividimos el resultado entre 6:

$$9{,}7 + 8{,}7 + 9{,}0 + 8{,}7 + 9{,}3 + 9{,}2 = 54{,}6$$

$$54{,}6 : 6 = 9{,}1$$

Si todos los jueces le hubieran dado 9,1 puntos, la suma de puntos que habría obtenido esta gimnasta también habría sido 54,6.

La **media aritmética** de una serie de datos se obtiene sumando todos los datos y dividiendo el resultado entre el número de datos.

7 Cinco jugadoras del equipo femenino del Valencia FC participan en un torneo benéfico de fútbol sala. Observa los datos en esta tabla:

jugadora	altura (m)	peso (kg)	año de nacimiento
Laura	1,72	66	1990
Melanie	1,69	56	1989
Miriam	1,70	60	1986
Virginia	1,74	63	1994
Andrea	1,73	63	1997

Calcula las medias de altura, peso y edad del equipo. ¿Qué jugadoras están por debajo de la media de edad?

8 Cinco familias tienen un hijo cada una, tres familias tienen dos hijos cada una, y dos familias tienen tres hijos cada una.

¿Cuál es la media de hijos que tienen entre las diez familias?

9 Calcula la media de goles por partido de cada equipo, a favor y en contra, en el Mundial de Fútbol Brasil 2014:

equipo	partidos jugados	goles a favor	goles en contra
Brasil	7	11	14
Colombia	5	12	4
Chile	4	6	4
España	3	4	7

a. Ordena los equipos de la tabla según la media de goles a favor por partido, de mayor a menor.

b. Ordena los equipos de la tabla según la media de goles recibidos por partido, de menor a mayor.

10 Averigua cuánto tiene que valer el dato que falta para que la media de la serie sea 6:

5 7 10 4 6 8 4 ?

Calcula el 10 % de: 50 10 200 150 75 63 600 320 15 20

4. Mediana

Fíjate en las puntuaciones, sobre 100, obtenidas por un grupo de estudiantes en una prueba de inglés:

35 90 54 82 75 45 79 32 67

Las ordenamos de menor a mayor y miramos cuál ocupa el lugar central:

32 35 45 54 (67) 75 79 82 90

Decimos que 67 es la mediana de las puntuaciones: la mitad de los estudiantes han obtenido menos de 67 puntos.

La **mediana** de una serie de datos es el valor que ocupa la posición central cuando ordenamos los datos de menor a mayor.

11 Calcula la mediana de las series de datos siguientes:

a. 7, 5, 8, 3, 1

b. 10, 8, 7, 6, 11, 9, 7

c. 4, 14, 10, 2, 4, 11, 1, 6, 9

12 Se ha preguntado a un grupo de alumnos cuánto tardan en realizar el trayecto de casa al colegio. Las respuestas han sido:

12 min 15 min 5 min 20 min 8 min

10 min 30 min 7 min 13 min

¿Podemos decir que la mitad de los alumnos encuestados tardan menos de 12 min en realizar el trayecto? ¿Por qué?

13 María dice que la mediana de esta serie es 6 porque es el dato situado en medio de la lista. ¿Estás de acuerdo? Justifica la respuesta.

10 4 8 (6) 11 9 15

14 Fíjate en cómo calculamos la mediana cuando el número de datos es par. Considera esta serie de datos:

8 5 4 9 3 5 7 8 4 9

Los ordenamos de menor a mayor:

3 4 4 5 (5) (7) 8 8 9 9

Ahora hay dos valores, 5 y 7, que ocupan los lugares centrales. En esta caso, para obtener la mediana tenemos que calcular la media aritmética de los dos valores:

$$\frac{5 + 7}{2} = 6$$

Obtén la mediana de estas series de datos:

a. 8, 6, 9, 4, 3, 10

b. 7, 5, 5, 4, 8, 6, 4, 1

c. 3, 13, 9, 1, 3, 15, 0, 5

15 Escribe una serie de ocho datos cuya mediana sea 9.

Calcula el 50 % de: 50 10 80 36 150 600 500 820 360 160 240 140

5. Moda y rango

Marina juega en el equipo de fútbol femenino del colegio. El número de goles que han marcado en los últimos 10 partidos son:

1 3 0 1 2 0 3 1 1 4

Fíjate en que el valor que más se repite es 1, que se repite 4 veces. Decimos que 1 es la **moda** de esta serie.

Si tenemos una tabla de frecuencias o un diagrama de barras, podemos identificar fácilmente la moda: es el dato de frecuencia mayor y, por tanto, al que le corresponde la barra más alta.

n.º de goles	frecuencia
0	2
1	4
2	1
3	2
4	1

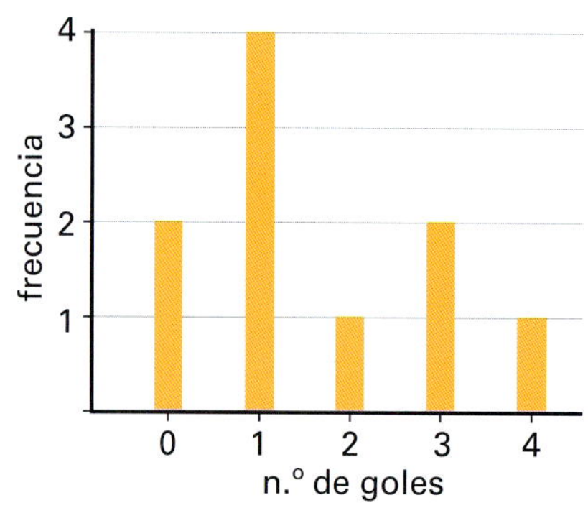

La diferencia entre el valor mayor y el valor menor de la serie se llama **rango**. En este caso, el rango es 4 – 0 = 4.

16 Tiramos dos dados varias veces y sumamos los puntos obtenidos con cada tirada. Los resultados se representan en este gráfico:

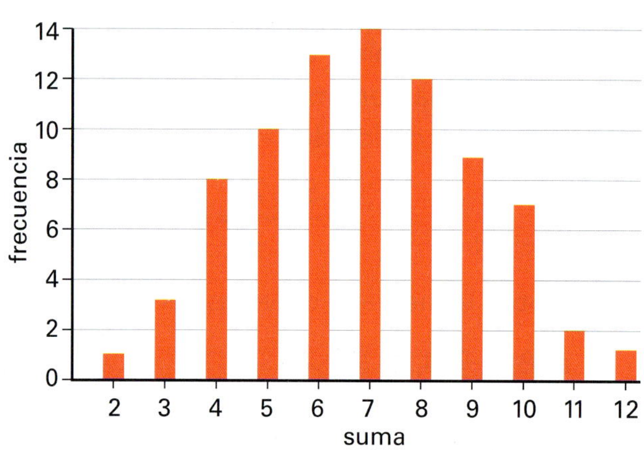

a. ¿Cuántas veces hemos tirado los dados?

b. ¿Cuál es la moda? ¿Y el rango?

17 Escribe una serie de cinco números que tenga rango 7 y moda 8.

18 Mira las temperaturas medias mensuales, en grados Celsius, en Murcia:

E	F	M	A	M	J	J	A	S	O	N	D
12	9	14	17	22	27	28	30	24	20	15	12

a. Calcula la media aritmética de las temperaturas medias mensuales.

b. Calcula la mediana, la moda y el rango.

19 Estos son los nombres de los siete miembros de un grupo de teatro:

Rosa Juan Laura María

Eduardo Vanesa Sara

Cuenta el número de letras de cada nombre y haz una tabla de frecuencias. ¿Cuál es el rango? ¿Y la moda?

6. Gráfico de líneas

El 15 de febrero de 2014, Renaud Lavillenie batió el récord del mundo de salto con pértiga y lo dejó en 6,16 m.

Podemos representar la evolución de sus mejores marcas en un gráfico de líneas. Fíjate:

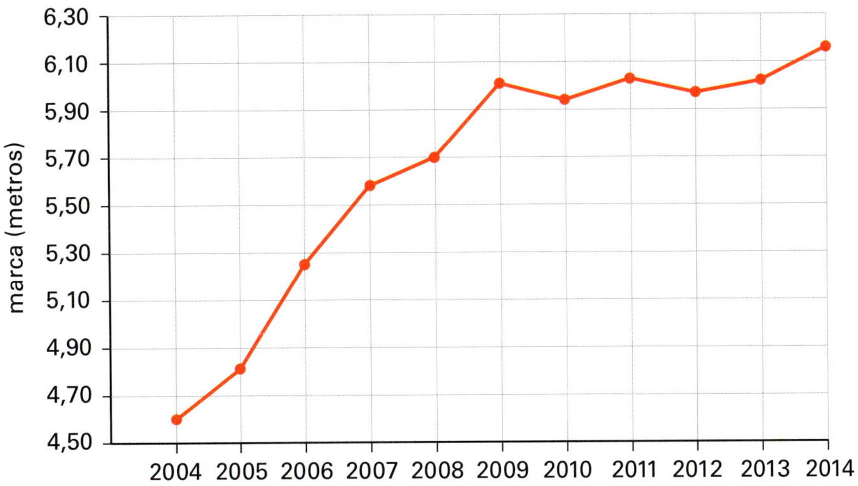

Los **gráficos de líneas** se utilizan para representar la variación de una serie de datos a lo largo del tiempo.

20 Fíjate en el gráfico de las marcas de Renaud Lavillenie y contesta en el cuaderno:

a. ¿En qué año superó por primera vez los 5 m?

b. ¿Qué marca hizo en el año 2008?

c. ¿En cuántos centímetros mejoró el año 2009 la marca del 2004?

d. ¿Cuántos años ha superado los 6 m?

e. ¿En qué año su mejor marca fue 5,58 m?

f. Estima la altura que saltó en el año 2010.

g. Calcula la diferencia entre la mejor marca del año 2010 y la mejor del año 2014.

21 Anota en el cuaderno el número de piezas de fruta que comes cada día a lo largo de una semana. Después, construye un gráfico de líneas con los datos recogidos y compáralo con los de los compañeros y las compañeras.

22 Observa la producción anual de aceite en Italia y en España, en millones de kilogramos, entre 2001 y 2014:

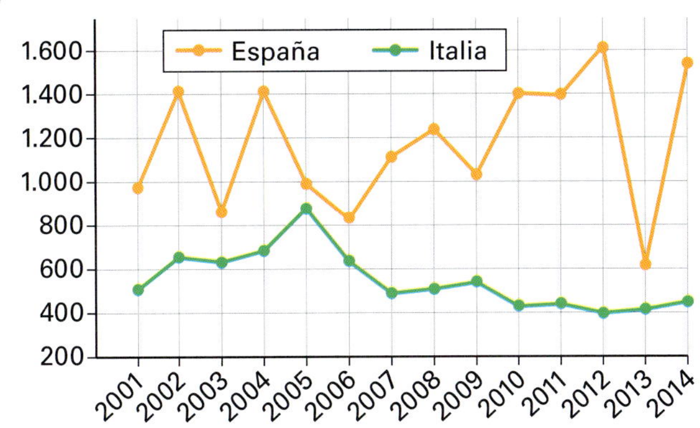

a. ¿En qué año se registró la mayor diferencia de producción? ¿De cuánto fue?

b. ¿Cómo influyó la sequía del año 2013?

c. Plantea cinco cuestiones más que puedan resolverse con la información de este gráfico y resuélvelas.

7. Gráfico de sectores

Hemos preguntado a un grupo de 25 alumnos de una clase de sexto cuál es su color preferido y hemos agrupado las respuestas en la tabla de frecuencias de la derecha.

color	frecuencia
rojo	8
lila	6
naranja	4
azul	5
verde	2

Podemos representar estos datos en un gráfico de sectores:

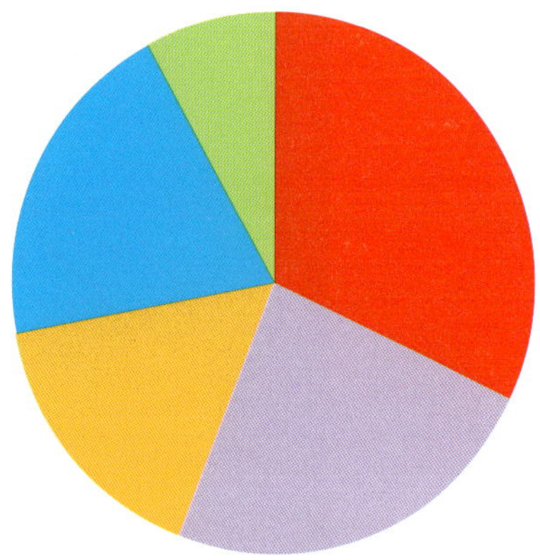

Fíjate en que la medida del ángulo de cada sector es proporcional a la frecuencia del color que representa.

23 Dibuja en el cuaderno el gráfico de sectores que representa estos datos sobre el color de los ojos de los 30 alumnos de una clase:

12 castaño | 6 verde | 9 azul | 3 gris

Sigue estos pasos:

a. Completa en el cuaderno la tabla de proporcionalidad siguiente. Fíjate en que al total de alumnos (30) le corresponde la circunferencia completa (360°).

: 10 × ...

n.º de alumnos	30	3	6	9	12
ángulo	360°	...	...	...	...

: 10 × ...

b. Dibuja una circunferencia con la ayuda del compás.

c. Traza los sectores circulares con los ángulos que has calculado en la tabla. Utiliza un transportador.

24 En los diagramas de sectores suele incluirse el porcentaje de cada valor. Copia y completa esta tabla en el cuaderno y dibuja el diagrama de sectores correspondiente:

Parque móvil de España 2013		
clase	%	ángulo
turismos	71	71 % de 360° = ...
camiones	16	...
motos	9	...
otros	4	...

A continuación, contesta en el cuaderno:

a. El total de vehículos de España en 2013 era de 30.916.836 vehículos. ¿Cuántos eran turismos?

b. ¿La suma de turismos y motos es mayor que las tres cuartas partes de los vehículos?

c. ¿Qué clases de vehículos tendrías que sumar para conseguir un cuarto del total de vehículos?

8. Experimentos aleatorios y probabilidad

Lanzar una moneda al aire, hacer girar una ruleta y tirar un dado son **experimentos aleatorios** porque no podemos saber sus resultados antes de realizarlos.

Fíjate en la ruleta y en las afirmaciones siguientes:

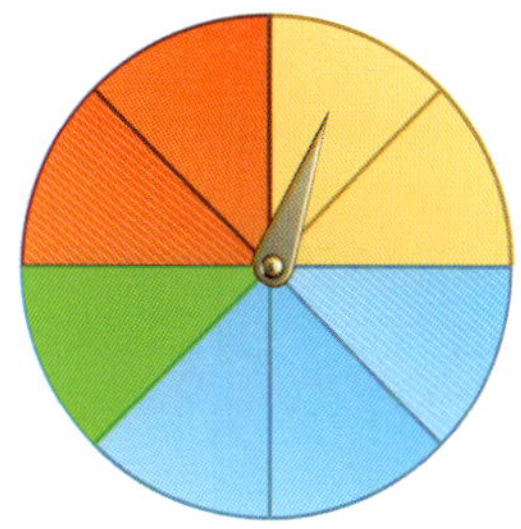

- Sacar naranja es *más probable* que sacar verde.
- Sacar rojo es *igual de probable* que sacar naranja.
- Sacar azul es *muy probable*.

Las expresiones *más probable*, *igual de probable* o *muy probable* son poco precisas. Por ello, asignamos a cada suceso un número entre 0 y 1 que llamamos **probabilidad**.

Cuanto mayor sea la probabilidad de un suceso, mayor es la posibilidad de que ocurra.

25 Indica cuáles de los experimentos siguientes son aleatorios:

a. Sacar una carta de una baraja sin mirar y anotar el palo.

b. Pesar un litro de agua.

c. Elegir una ficha de dominó sin mirar.

d. Medir el tiempo que tarda la Luna en dar una vuelta completa a la Tierra.

26 Fíjate en los recipientes y contesta:

A

B

a. ¿Con qué recipiente se tiene la misma probabilidad de sacar una bola azul que una roja?

b. Tú ganas si sacas una bola amarilla y pierdes si la sacas roja. ¿Con qué recipiente prefieres jugar? Justifica la respuesta.

27 Una bolsa contiene estas tarjetas:

2 4 6 8 10 12

a. ¿Es posible sacar una tarjeta con un número impar?

b. ¿Qué es más probable: sacar una tarjeta roja o una azul?

c. Luis dice que es más probable sacar un número de una cifra que un número de dos cifras. ¿Tiene razón? Justifícalo.

d. ¿Qué es más probable: sacar un múltiplo de 3 o un múltiplo de 4?

e. Si sacas dos tarjetas, ¿qué es más probable: que sumen más de 9 o menos de 9?

28 Dibuja y pinta en el cuaderno una ruleta de manera que se cumpla esto:

a. Que sea muy probable que salga rojo.

b. Que sea poco probable que salga azul.

c. Que sea casi imposible que salga amarillo.

Compárala con la de los compañeros.

9. Resultados posibles

No podemos predecir el resultado de un experimento aleatorio, pero sí podemos conocer sus resultados posibles.

Fíjate en la tabla siguiente:

experimento aleatorio	resultados posibles
lanzar una moneda al aire	cara, cruz
tirar un dado	1, 2, 3, 4, 5, 6
extraer una bola 	azul, roja, amarilla
lanzar dos monedas al aire	(cara, cara), (cara, cruz), (cruz, cara), (cruz, cruz)

Diagrama de árbol:

Observa cómo obtenemos los resultados posibles del lanzamiento de dos monedas al aire:

1.ª	2.ª	resultado
cara	cara →	(cara, cara)
	cruz →	(cara, cruz)
cruz	cara →	(cruz, cara)
	cruz →	(cruz, cruz)

29 Se lanza una moneda al aire y se tira un dado. ¿Cuáles son los resultados posibles?

Copia y continúa el diagrama de árbol:

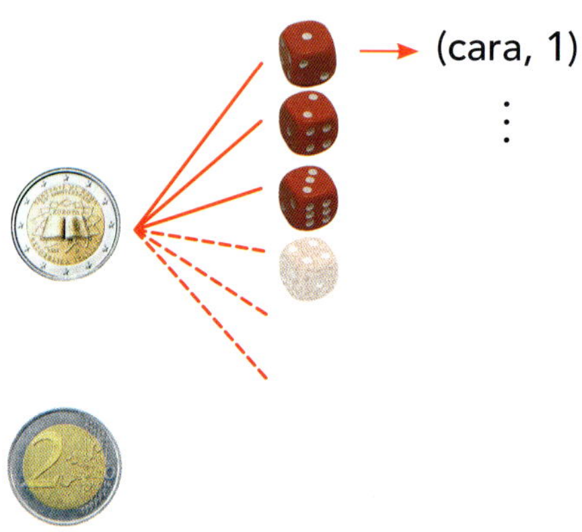

30 Cuando tiramos un dado podemos obtener seis resultados:

a. ¿Cuáles de estos resultados son múltiplos de 3? ¿Y de 2?

b. ¿Hay algún resultado que sea múltiplo de 2 y de 3 al mismo tiempo?

31 Copia y continúa el diagrama de árbol para obtener todos los resultados posibles de extraer dos bolas sin mirar:

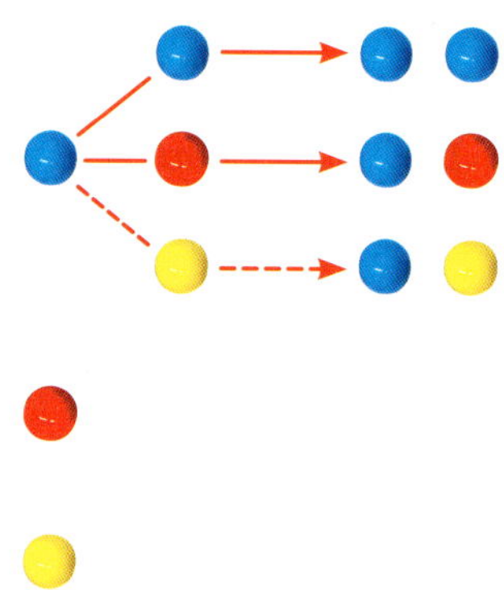

32 Copia y completa esta tabla de doble entrada para saber todos los resultados posibles al tirar dos dados simultáneamente:

	(1, 1)	(1, 2)	(1, 3)	(1, 4)	…	…
	(2, 1)	(2, 2)	…	…	…	…
	…	…	…	…	…	…

10. Cálculo de probabilidades

¿Quién tiene mayor probabilidad de ganar: Sara o Juan?

Hay 10 bolas, de las cuales 4 son azules y 3 son amarillas. Calculamos la probabilidad de ganar que tiene cada uno:

		fracción	decimal	%
probabilidad de sacar una bola azul	4 posibilidades entre 10	$\frac{4}{10}$	0,4	40 %
probabilidad de sacar una bola amarilla	3 posibilidades entre 10	$\frac{3}{10}$	0,3	30 %

Como 0,4 > 0,3, Sara tiene más probabilidad de ganar.

La probabilidad de un suceso puede expresarse como fracción, número decimal o porcentaje.

33 Extraemos sin mirar una bola de un tarro que contiene 5 bolas rojas, 3 azules y 2 verdes. Copia y completa en el cuaderno la tabla de probabilidades de sacar una bola de cada color:

		probabilidad		
		fracción	decimal	%
azul	3 entre 10	$\frac{3}{10}$	0,3	…
rojo	…	…	…	…
verde	…	…	…	…

34 Calcula la probabilidad de estos sucesos en el experimento de tirar un dado:

a. Sacar un número par.

b. Obtener un múltiplo de 2 o de 3.

c. Obtener un múltiplo de 3.

d. Sacar un cinco.

35 Fíjate en las cartas de la baraja y calcula la probabilidad de cada suceso en el experimento de sacar una carta sin mirar:

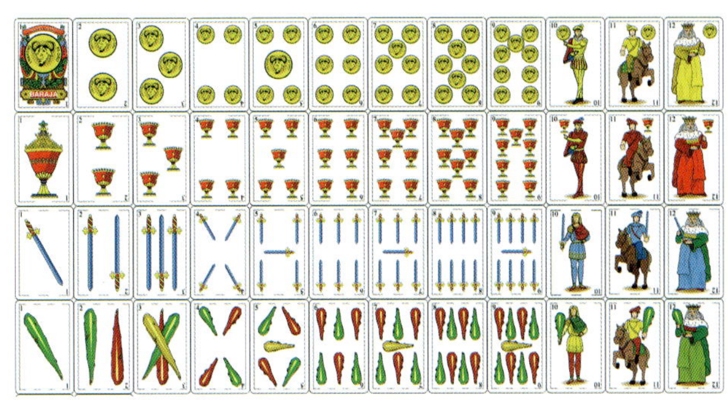

a. Sacar una figura (sota, caballo o rey).

b. Sacar una carta de espadas.

c. Sacar un tres.

d. Sacar el cinco de oros.

e. Sacar un número par.

f. Sacar una copa con un número impar.

g. Sacar un número menor que seis.

Multiplica: 50 × 0,5   8 × 0,5   90 × 0,5   100 × 0,5   30 × 0,5   5 × 0,5   3 × 0,5   20 × 0,5

Actividades

Practica

1 En el colegio de Laura han preguntado qué deportes prefieren practicar como actividad extraescolar.

Las respuestas son las siguientes:

deporte	recuento	frecuencia absoluta	frecuencia relativa
natación	卌 |	...	...
fútbol	卌 卌 |	...	...
baloncesto	卌 |	...	...
tenis	|||	...	...

a. ¿Qué tipo de variable se estudia?

b. Copia y completa la tabla de frecuencias.

c. ¿Cuál es la moda?

d. ¿Cuántas personas han contestado?

e. Dibuja un diagrama de barras con los datos obtenidos.

2 Estas son las alturas y los pesos de un grupo de amigos:

nombre	altura (m)	peso (kg)
Pablo	1,57	46
Ana	1,64	48
Andrés	1,70	58
Rosa	1,59	45
Juan	1,62	53
Manuel	1,74	55
Lucía	1,69	54
Carlos	1,58	49

a. Calcula la altura media y el peso medio de todo el grupo. Utiliza la calculadora y redondea a las centésimas.

b. Indica quién supera la media de altura.

c. ¿Quién está por debajo del peso medio?

d. Halla la mediana y el rango de cada variable.

3 Hemos preguntado el número de hermanos y hermanas que tiene el alumnado de una clase. Estas son las respuestas:

0, 1, 3, 0, 1, 1, 2, 2, 3, 0, 1, 1, 2, 3,

2, 2, 0, 4, 1, 2, 0, 1, 1, 2, 1, 0, 1, 1

¿Cuáles son la media, la mediana, la moda y el rango?

4 Dibuja un gráfico de líneas con estos datos:

día	L	M	X	J	V	S	D
°C	7	5,5	8	2,5	4	9	6

5 Tenemos estas tarjetas:

5 7 9 A B C D

En una bolsa introducimos las azules, y en otra, las verdes. Extraemos al azar una tarjeta de cada bolsa.

Haz un diagrama de árbol para obtener todos los resultados posibles: (5, A), (5, B)...

6 ¿Qué probabilidad hay de sacar un número múltiplo de 3 cuando se extrae una carta de la baraja de 48 cartas?

Resuelve problemas

7 Tres gimnastas han obtenido las puntuaciones siguientes en el ejercicio de barras paralelas:

DAVID	9.7	8.7	9.0	8.7	9.3	9.1
IVÁN	9.2	9.1	9.2	8.9	9.2	8.8
RAÚL	8.9	9.2	8.9	9.1	8.7	9.0

a. Halla la media, la mediana y la moda de las puntuaciones de cada uno.

b. ¿Qué serie de puntuaciones tiene el rango mayor? ¿Qué significa?

c. Discute con los compañeros y las compañeras cuál de los tres ha hecho mejor el ejercicio.

8 Un futbolista ha jugado 820 min en 10 partidos, y otro, 1.200 min en 15 partidos.

¿Cuál de los dos tiene una media más alta de minutos jugados por partido?

9 En la figura puedes ver, en porcentaje, los materiales que se tiran a la basura:

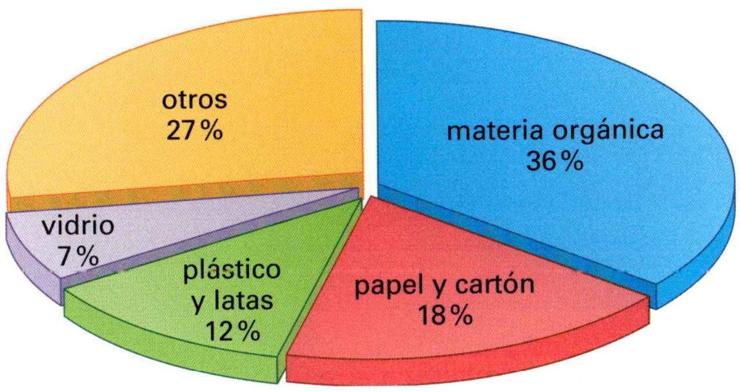

a. ¿Qué porcentaje de vidrio, plástico y latas se tira a la basura?

b. Una familia tira 50 kg de basura al mes. ¿Cuánta materia orgánica tira?

c. En España se producen 25 millones de toneladas de basura al año. Según el gráfico, ¿cuánto pesa el papel y cartón que se tira?

d. Una persona genera unos 484 kg de basura cada año. ¿Cuántos kilos de materia orgánica genera? ¿Y de vidrio?

Profundiza

10 Fíjate en el gráfico y contesta en el cuaderno:

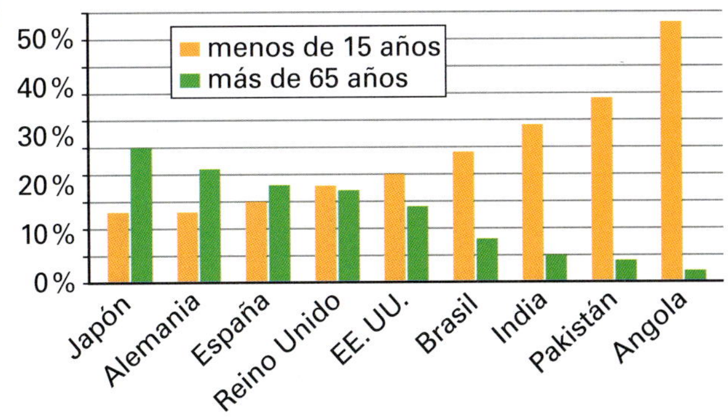

a. ¿Qué porcentaje de los españoles está por debajo de los 15 años? ¿Y de los pakistaníes?

b. ¿Qué porcentaje de los japoneses está por encima de los 65 años? ¿Y de los angoleños?

c. Busca información en Internet y describe brevemente la relación que hay entre la pobreza de los países y la edad de sus habitantes.

11 En un sorteo de material escolar, se depositan bolas numeradas del 1 al 99 en una bolsa y se saca una sin mirar. A Luis le han asignado el número 7 y dice que se quejará a la organización porque un número de una sola cifra tiene menos probabilidad de ser el premiado. ¿Tiene razón? Discútelo en clase.

Activa tu mente

12 He comprado dos regalos que me han costado 110 € en total. La diferencia de precio entre los dos es de 100 €. ¿Cuánto vale cada uno?

13 Sigue las pistas:

- María y Juan son hermanos.
- Juan tiene tantos hermanos como hermanas.
- María tiene el doble de hermanos que de hermanas.

¿Cuántos hermanos y hermanas son?

Discútelo con los compañeros y las compañeras.

14 En la habitación de Juan no hay luz y no se ve absolutamente nada. En un cajón hay 12 pares de calcetines blancos y 12 pares de calcetines negros, pero están todos mezclados.

Contesta en el cuaderno y discute con los compañeros y las compañeras:

a. ¿Cuál es el número mínimo de calcetines que tiene que coger Juan para estar seguro de que tiene un par del mismo color?

b. ¿Cuál es el número mínimo de calcetines que tiene que coger para estar seguro de tener un par de calcetines negros?

Cálculo mental

exploradora@digital
Cálculos estadísticos
www.tiching.com/686584

Dividir entre 0,5

28 | 0,5 →	280 | 5 30 56 0	↔ 28 × 2 = 56

Dividir entre 0,5 es lo mismo que multiplicar por 2.

Efectúa:

28 : 0,5   2,40 : 0,5   56 : 0,5   63 : 0,5   6,20 : 0,5

39 : 0,5   1,20 : 0,5   24,3 : 0,5   12,4 : 0,5   13,5 : 0,5

Repaso

1. En esta multiplicación cada figura representa una cifra. Averigua qué cifra corresponde a cada una y escríbelo en el cuaderno:

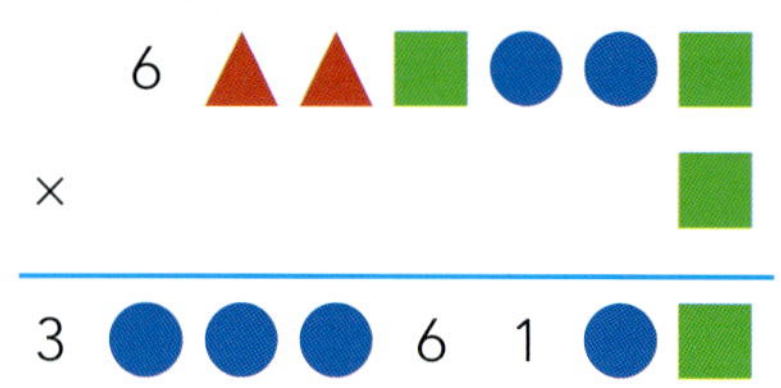

2. Copia y completa en el cuaderno:

1,8 × … = 4,32   5,4 × … = 18,9

9,2 × … = 4,6   6,2 × … = 32,55

2,5 × … = 8   … × 5 = 19

3,6 × … = 34,2   … × 6 = 57

3. Calcula los porcentajes siguientes:

12 % de 13,25 €   21 % de 4,12 €

7 % de 45,50 €   16 % de 21,83 €

50 % de 6,70 €   10 % de 38,60 €

4. Copia y completa en el cuaderno:

$3{,}57 \times 10^5 = \ldots$ $\ldots \times 10^5 = 45.000$

$0{,}005 \times 10^8 = \ldots$ $\ldots \times 10^4 = 200.000$

$7{,}51 \times 10^3 = \ldots$ $\ldots \times 10^2 = 520$

$0{,}129 \times 10^2 = \ldots$ $\ldots \times 10^3 = 2$

5. Efectúa y simplifica si es posible:

$\frac{3}{5} \times \frac{2}{3}$ $\frac{1}{6} \times \frac{2}{7}$ $\frac{4}{9} \times \frac{3}{8}$

$\frac{3}{2} : \frac{2}{3}$ $\frac{2}{5} : \frac{2}{3}$ $\frac{2}{3} : \frac{1}{4}$

6. Calcula y simplifica si es posible:

$\frac{2}{7} + \frac{9}{14} + \frac{1}{2}$ $\frac{6}{7} - \frac{1}{3}$

$\frac{1}{2} + \frac{2}{5} + \frac{5}{6}$ $\frac{8}{9} - \frac{2}{3}$

7. Copia y coloca las comas para que el resultado se aproxime al número indicado:

a. 498 + 152 = … (un poco más de 51)

b. 6321 + 2178 = … (alrededor de 28)

c. 312 × 1206 = … (un poco más de 37)

d. 501 : 2102 = … (alrededor de 24)

8. Indica en el cuaderno el número aproximado que corresponde a cada etiqueta:

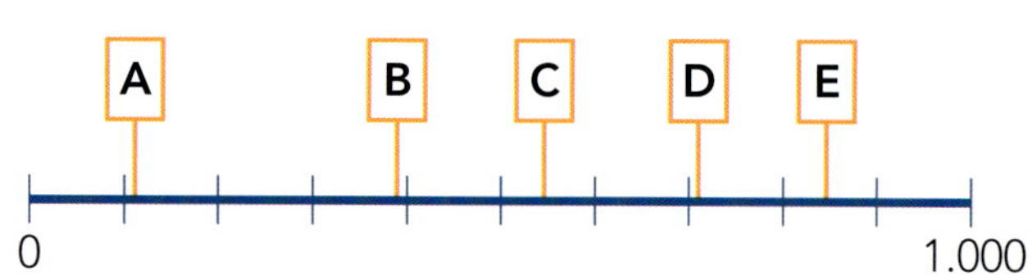

Resolución de problemas

Aprende a... elaborar modelos matemáticos.

A veces, la observación de regularidades permite elaborar modelos matemáticos que facilitan la resolución de problemas.

1. Coge un dado con el pulgar y el índice como ves en la figura.

a. ¿Cuánto suman las caras que estás tocando con los dedos?

b. ¿Pasa lo mismo si varías la posición del dado?

c. ¿Qué conclusión puedes sacar?

d. Averigua los puntos de la cara de cada dado que está tocando la mesa.

e. Halla un expresión que permita calcular el número de puntos de la cara oculta observando únicamente la cara superior.

2. Fíjate en las figuras y di cuánto suman las caras que no pueden verse en cada caso.

3. Copia y completa esta tabla en el cuaderno:

n.º de dados	suma de puntos de las caras ocultas
1	7 menos la cara superior
2	... menos la cara superior
3	... menos la cara superior
4	...
5	...

Halla una expresión que nos permita calcular estas sumas para torres con cualquier número de dados.

Aplico mis conocimientos

Interpretar un gráfico

Observa cómo se distribuye la producción eléctrica en 2013 en diferentes países y en la Unión Europea:

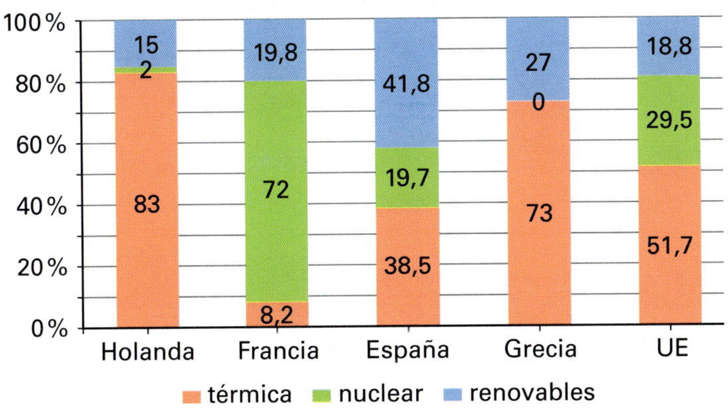

Las centrales térmicas emiten una gran cantidad de CO_2 y las nucleares producen residuos radioactivos, mientras que las que utilizan energías renovables no generan residuos peligrosos.

a. Ordena los cuatro países del gráfico según la aportación de CO_2 y según la cantidad de residuos radioactivos que generan en la producción de electricidad, de mayor a menor.

b. Ordena los cuatro países según la producción de electricidad mediante las energías renovables, de menor a mayor.

c. ¿Cuáles de los cuatro países están por debajo de la media europea en la producción de electricidad en centrales térmicas? ¿Y en centrales nucleares? ¿Y cuáles están por encima en la producción de electricidad por medio de energías renovables?

d. ¿En cuál de los cuatro países crees que la distribución de la producción de electricidad es mejor? Discútelo con los compañeros y las compañeras.

Taller de informática @

PROPIEDADES DE LOS TRIÁNGULOS CON GEOGEBRAPRIM

GeoGebraPrim es una aplicación en línea de libre acceso que funciona en Linux, Mac y Windows. Se puede descargar en la página http://www.geogebra.org/webstart/4.0/GeoGebraPrim.jnlp.

GeoGebraPrim permite hacer construcciones geométricas y después modificarlas. Abre el programa y selecciona la opción **Cuadrícula** del menú **Vista**, para ver una cuadrícula en la zona gráfica.

Antes de empezar, sitúa el cursor sobre cada uno de los iconos de la barra de herramientas para conocer su significado.

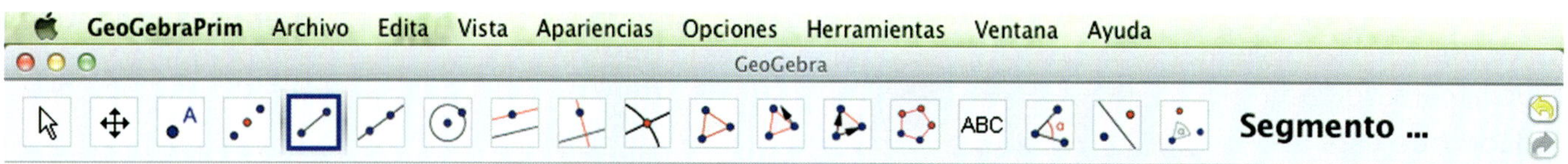

Después, haz lo siguiente:

1.° Dibuja un triángulo acutángulo con la herramienta **Polígono**.

Para ello, haz clic sobre el icono de la barra de herramientas y, a continuación, marca los tres vértices en la zona gráfica.

Acaba el triángulo marcando de nuevo el primer vértice.

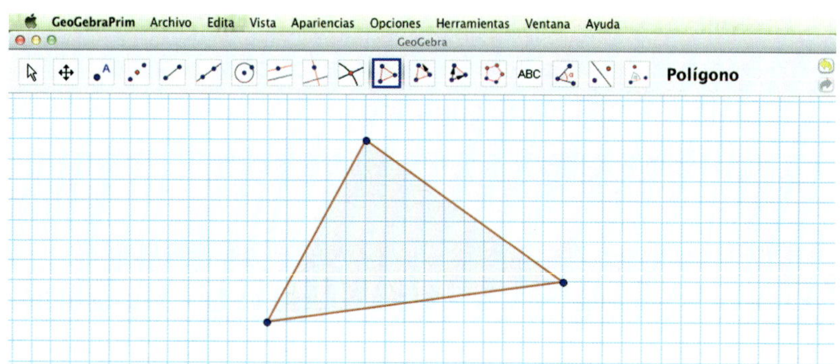

2.° Haz clic sobre el icono (**Ángulo**) de la barra de herramientas y sobre dos lados del triángulo. Obtendrás así la medida del ángulo que forman estos dos lados.

Haz lo mismo para hallar la medida de los otros ángulos y comprueba que la suma de los tres es de 180°.

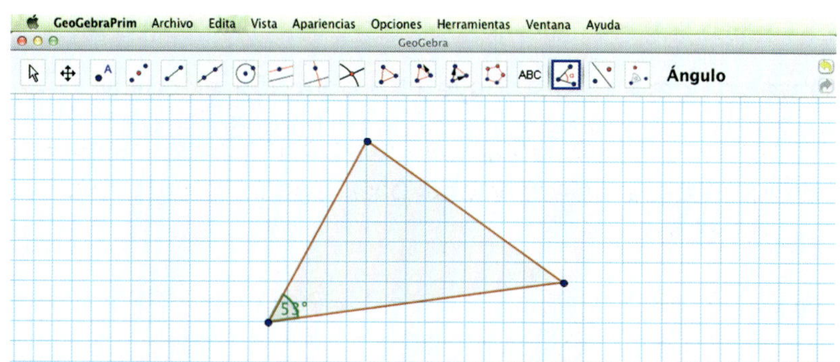

3.° Haz clic sobre el icono (**Punto Medio o Centro**) y sobre uno de los lados del triángulo para hallar el punto medio.

A continuación, haz clic sobre el icono (**Recta Perpendicular**) y selecciona el punto medio y el lado correspondiente. Fíjate en que la recta que aparece es la mediatriz del lado.

Haz lo mismo para hallar las mediatrices de los otros lados. ¿Qué observas?

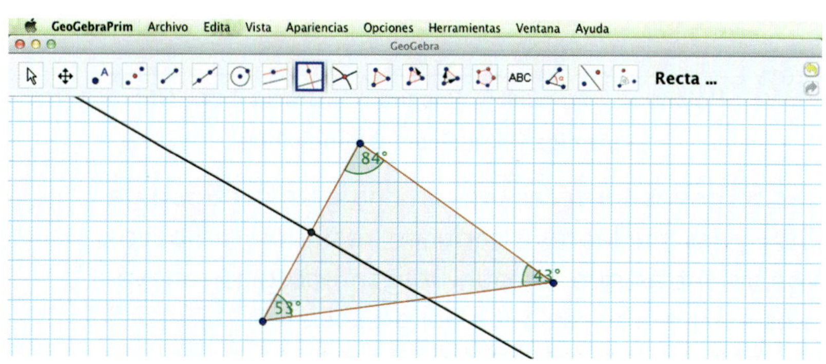

4.° Selecciona [icono] y haz clic sobre el punto donde se cortan las tres mediatrices. Este punto se llama **circuncentro**.

Para marcarlo, haz clic sobre el icono [ABC] y sobre el circuncentro. Aparecerá el cuadro de diálogo **Texto**. Escribe "circuncentro" en **Edita** y haz clic en **OK**.

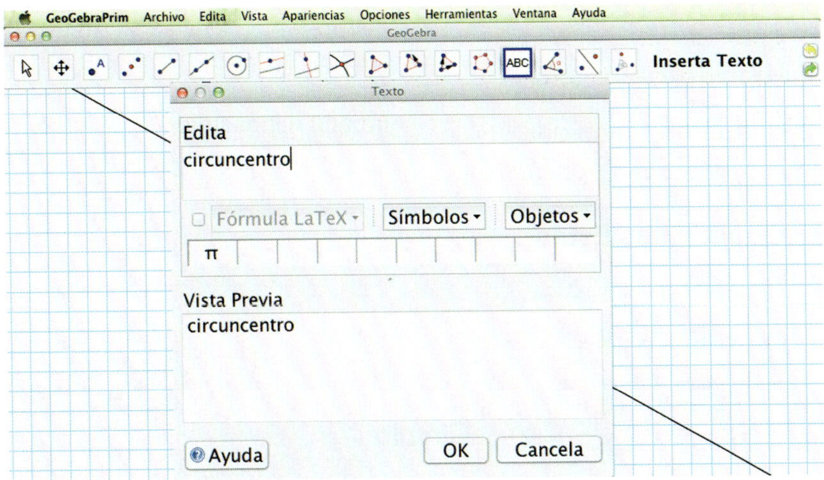

El resultado es:

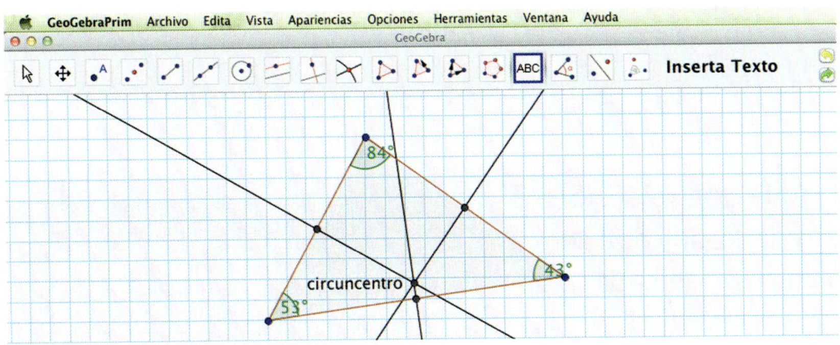

5.° Utiliza [icono] para dibujar la circunferencia que tiene el centro en el circuncentro y que pasa por uno de los vértices del triángulo.

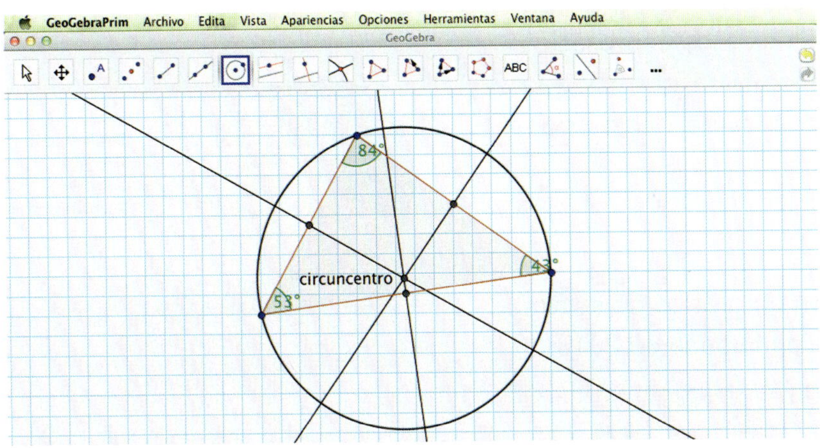

Explica en el cuaderno qué observas.

Actividades

1. Con la herramienta [icono], modifica los vértices del triángulo de manera que obtengas un triángulo obtusángulo. Describe en el cuaderno lo que pasa.

   Modifica de nuevo los vértices para obtener un triángulo rectángulo. ¿Dónde está el circuncentro en este caso?

2. Construye un triángulo equilátero con la herramienta **Polígono regular**. Para ello, haz clic sobre el icono [icono], marca en la zona gráfica dos vértices y escribe 3 en el cuadro de diálogo que se abre.

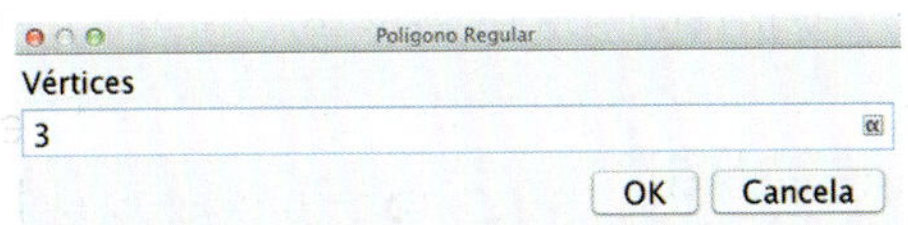

Comprueba que los tres ángulos del triángulo son de 60°. Halla las mediatrices y la circunferencia que tiene centro en el circuncentro y pasa por uno de los vértices del triángulo.

GRÁFICOS DE SECTORES CON UNA HOJA DE CÁLCULO

Utilizaremos una hoja de cálculo para hacer un gráfico de sectores que represente la distribución del suelo en España en 2011.

1.° Abre el paquete de programas OpenOffice y selecciona **Hoja de cálculo**. Copia la tabla de la derecha en las dos primeras columnas.

	A	B
1	uso	superficie (ha)
2	cultivo	16.991.027
3	pastos	10.021.637
4	forestal	18.954.333
5	urbano e industrial	4.596.345
6		

2.° Haz clic sobre la celda A2 y, sin dejar de pulsar, arrastra el ratón hasta la celda B5. Las celdas seleccionadas quedarán marcadas en color.

3.° Haz clic sobre el icono de la barra de herramientas **Estándar** y, en el **Asistente de gráficos**, selecciona:

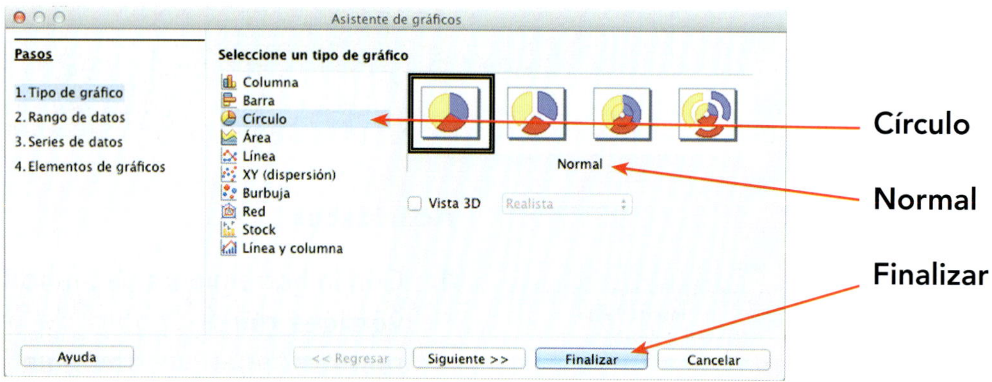

4.° Haz clic con el botón derecho sobre el gráfico y selecciona **Insertar etiquetas de datos**. Fíjate en que al lado de cada sector del gráfico aparece la superficie, en hectáreas, de cada uso del suelo.

Haz doble clic sobre una de estas etiquetas. En la pestaña **Etiquetas de datos** de la ventana que se abre, desmarca la opción **Mostrar valores como números** y marca **Mostrar valores como porcentaje**. Finalmente, haz clic en **Aceptar**.

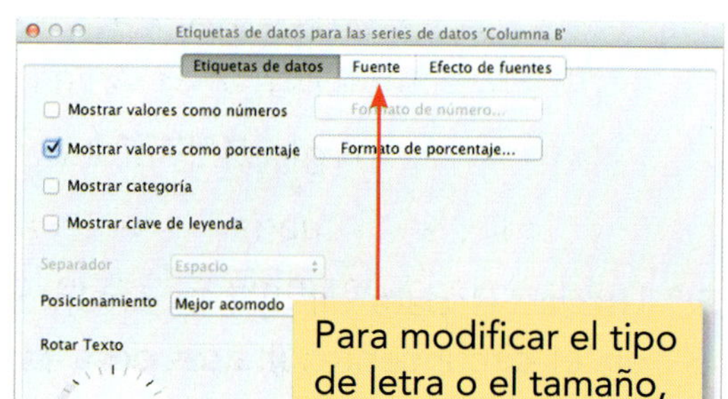

Para modificar el tipo de letra o el tamaño, haz clic en **Fuente**.

5.° El resultado es un gráfico de sectores con los datos expresados en porcentajes. Ajusta el tamaño del gráfico para que toda la información sea visible y comprueba que la suma de los porcentajes es el 100 %.

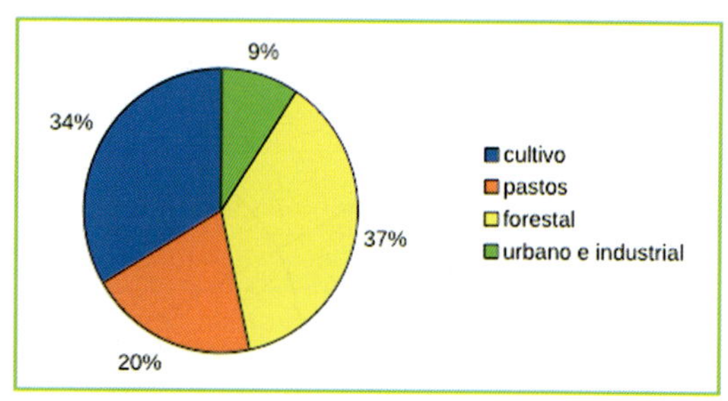

Actividad

1. Usa una hoja de cálculo para representar en un gráfico de sectores la distribución de la población ocupada en España en 2013:

agricultura	industria	construcción	servicios
4,3 %	13,8 %	6 %	75,9 %

GEOMETRÍA DESDE EL ESPACIO

Vamos a calcular perímetros y áreas de territorios sobre la superficie terrestre. Para ello, utilizaremos el programa Google Earth.

1.° Abre el programa Google Earth, escribe "Sublette, Kansas, Estados Unidos" en la barra de entrada del **Panel de búsqueda** y haz clic en el botón **Buscar**.

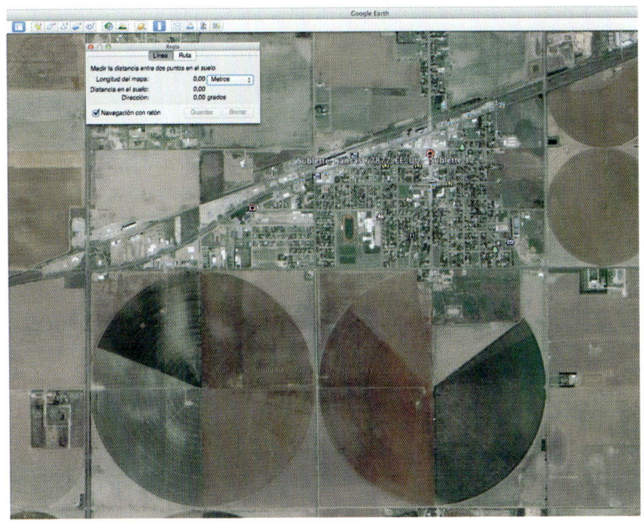

a. Usa los controles de navegación para ajustar la imagen y observa que la población Sublette tiene forma de triángulo rectángulo.

b. Utiliza la herramienta **Regla** para tomar medidas y calcula, en el cuaderno, el área y el perímetro de dicha población.

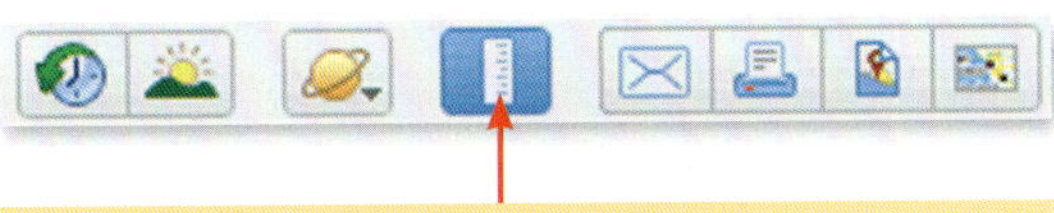

La herramienta **Regla** te permite medir longitudes. Puedes fijar la unidad que desees.

2.° Con el cursor de zoom, aleja la imagen para ver los alrededores de esta ciudad. Fíjate en los campos de cultivo de cereales en forma de círculo.

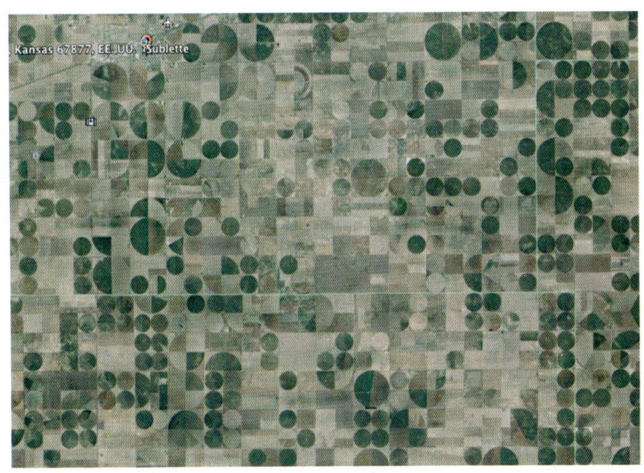

a. Busca el campo circular que veas de mayor superficie y haz zoom para acercar la imagen.

b. Mide con la **Regla** el diámetro de este círculo.

c. Calcula, en el cuaderno, el área del círculo y la longitud de la circunferencia que lo delimita.

Compara tus resultados con los de tus compañeros y compañeras.

3.° Busca "Al Jawf, Arabia Saudita" y desplázate, con la ayuda de la **Regla**, unos 90 km hacia el oeste, para localizar los campos de cultivo en medio del desierto.

a. Mide el diámetro de alguno de estos campos circulares y calcula su área en el cuaderno.

b. Compara el área que has calculado con la del campo circular de Kansas. ¿Cuál es mayor? ¿Cuánto más?

c. Por parejas, buscad información en Internet sobre este tipo de cultivos en el desierto y escribid un informe sobre su utilidad, su tamaño y los sistemas de riego que usan.

Repaso trimestral

1. Copia y completa en el cuaderno:

1 L = … dL = … cL = … mL

$\frac{1}{2}$ L = … dL = … cL = … mL

$\frac{1}{4}$ L = … dL = … cL = … mL

$\frac{3}{4}$ L = … dL = … cL = … mL

2. Fíjate en las equivalencias de la actividad anterior e indica en el cuaderno cuáles de las medidas siguientes son iguales:

250 mL	75 cL	2,5 dL	500 mL
750 mL	25 cL	7,5 dL	5 dL

3. Una empresa envasa agua mineral de un manantial que proporciona 140.000 m^3 al año. La mitad de este volumen de agua la comercializa en envases de 500 mL; una cuarta parte, en envases de 1 L, y el resto, en envases de 1,5 L.

¿Cuántos envases de cada clase comercializa al año?

4. Resuelve estas operaciones en el cuaderno:

6 h 12 min 8 s – 1 h 37 min 15 s	4 h 45 min 22 s + 5 h 30 min 39 s
14° 25′ 25″ – 6° 30′ 48″	35° 55′ 47″ + 48° 8′ 40″

5. Un vuelo sale de Madrid hacia Moscú a las 23.05 h. El trayecto dura 4 h 55 min. La diferencia horaria de Moscú respecto a Madrid es de +2 h. ¿Qué hora será en Moscú cuando aterrice el avión?

6. Calcula la amplitud de los ángulos $\hat{A}$ y $\hat{B}$:

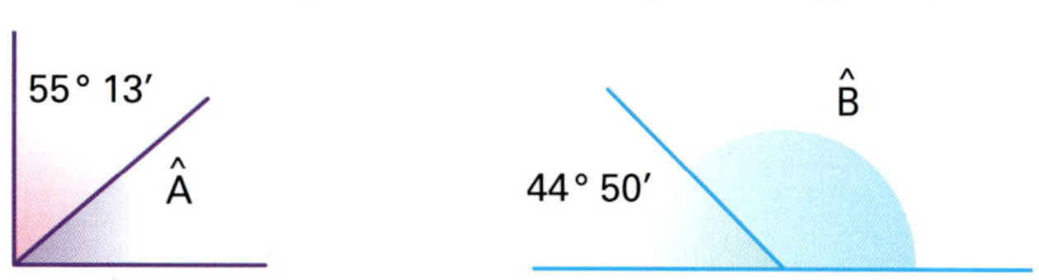

7. Calcula el área de cada figura:

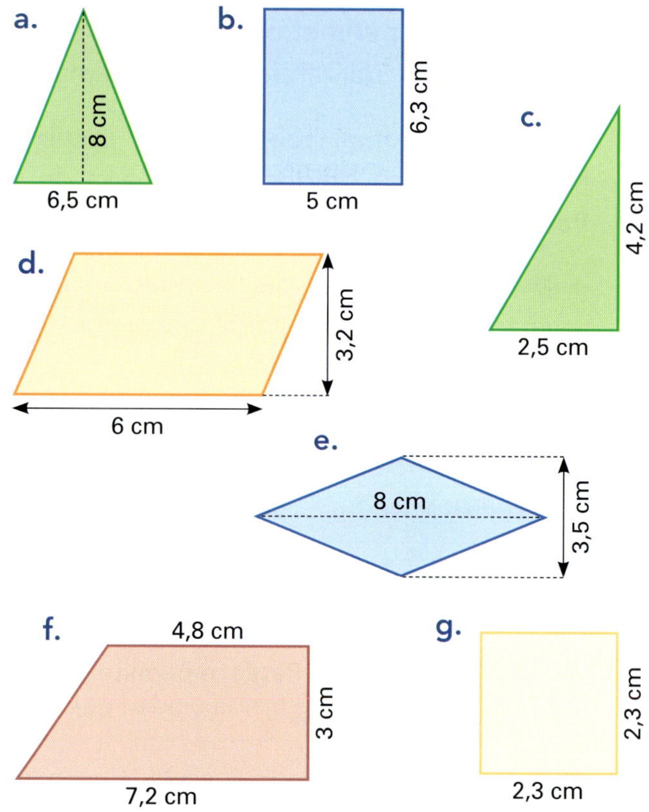

8. Fíjate en la figura y haz lo que se pide:

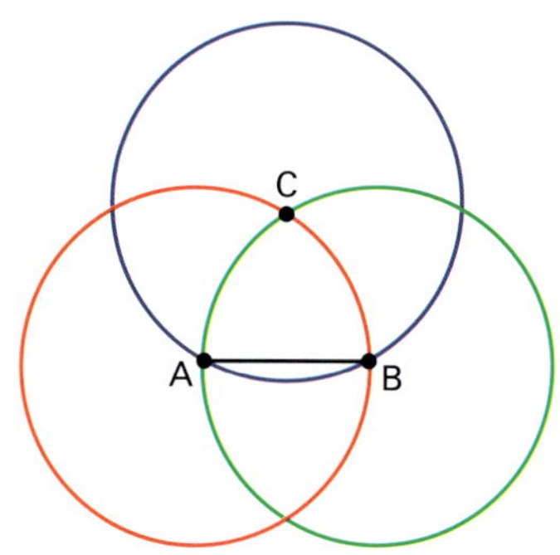

a. ¿Cuál es el centro de cada circunferencia?

b. Dibuja la figura en el cuaderno. Hazlo de manera que el segmento AB mida 6 cm.

c. Une los puntos A, B y C. ¿Cómo es el triángulo ABC? Justifica la respuesta.

9. Un juego de cartas consta de 40 cartas y cada carta mide 61 mm × 94 mm. ¿Podemos cubrir una superficie de 1 m^2 con todas las cartas?

10. Calcula el área de un heptágono regular que mide 8 cm de lado y 8,3 cm de apotema.

11. Calcula el área de un círculo sabiendo que su perímetro es de 31,4 cm.

Explica los pasos intermedios que hagas.

12. Copia la figura de la derecha en el cuaderno y, con ayuda de la cuadrícula, dibuja la figura ampliada con razón de semejanza 2.

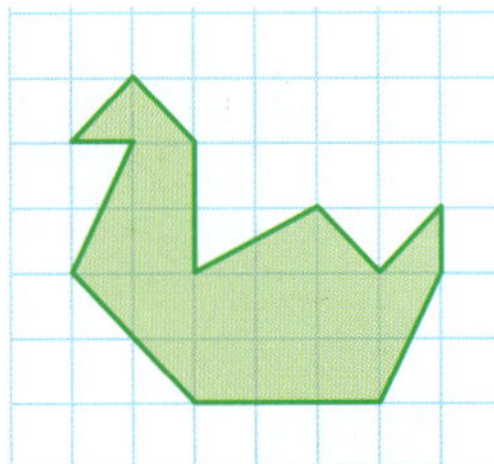

13. Copia y completa en el cuaderno esta tabla sobre las medidas de cuatro cubos:

longitud de la arista	área de una cara	área total	volumen
...	25 cm^2	...	...
2,5 cm	...	...	...
...	...	...	8 cm^3
...	...	96 cm^2	...

14. Calcula el volumen de estos cuerpos:

a.

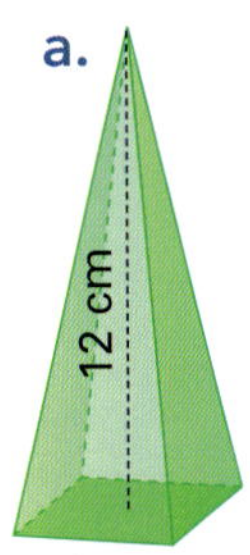

b.

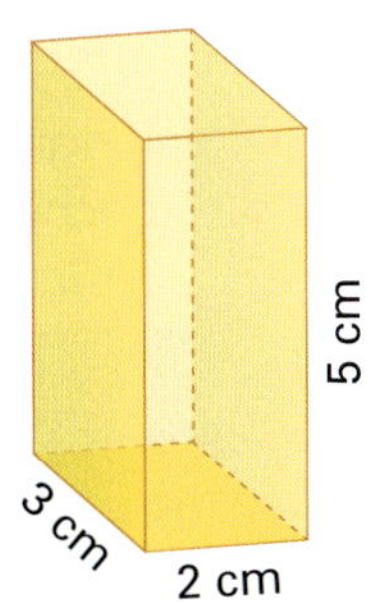

15. ¿Cuántos litros caben en un depósito esférico de 10 m de diámetro? ¿Y en uno de 20 m? ¿La cantidad mayor es el doble de la otra?

16. Explica en el cuaderno la diferencia entre una variable estadística cualitativa y una cuantitativa. Pon un ejemplo de cada una.

17. Un jugador de fútbol ha marcado una media de 0,8 goles por partido en 20 partidos:

a. ¿Cuántos goles ha marcado en total?

b. ¿Es posible que haya un partido en el que ha marcado tres goles?

18. Calcula la media aritmética y la mediana de los pesos siguientes, expresados en kilogramos:

34,5   38   35,6   37,9   36

19. Observa el resultado de 10 tiradas de un dado y di cuáles son la moda, la mediana y el rango:

20. En una clase de 30 alumnos han votado para escoger a quien los representará en el próximo concurso de matemáticas de la escuela.

En la primera ronda han sido elegidos Berta, Pedro y Álvaro. Los resultados de la segunda ronda han sido:

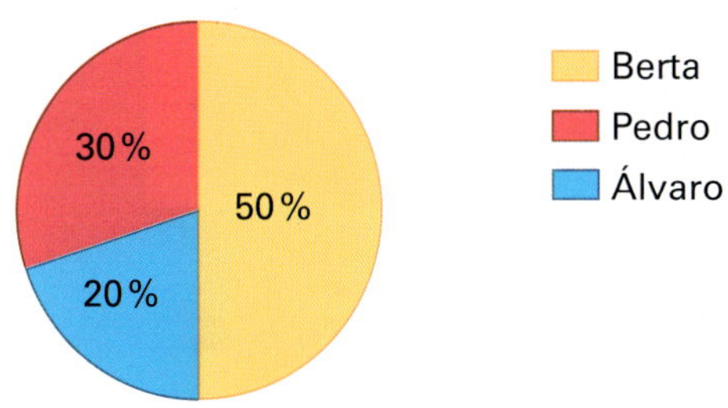

a. ¿Cuántos votos ha obtenido cada uno?

b. Representa el resultado de la segunda votación en un diagrama de barras.

21. Calcula la probabilidad de cada suceso cuando escogemos al azar una de estas cartas:

	probabilidad		
	fracción	número decimal	%
sacar un 4	...	...	...
sacar un as	...	...	...
sacar un rey	...	...	...
sacar oros	...	...	...

BARCOS GIGANTES

Mærsk Mc-Kinney Møller

Es el barco portacontenedores más grande. Mide 400 m de longitud y tiene una capacidad de 18.270 TEU, es decir, puede transportar 18.270 contenedores. Su velocidad de crucero es de 23 nudos.

TEU (del término inglés *Twenty-foot Equivalent Unit*) es la **unidad de capacidad** que se utiliza en los grandes transportes y que equivale a un contenedor de 20 pies.

Un contenedor de 20 pies es un recipiente de dimensiones estandarizadas para que pueda ser transferido fácilmente entre formas de transporte diferentes: barcos, trenes y camiones.

Dimensiones interiores:
longitud: 5,71 m
anchura 2,35 m
altura: 2,39 m

Utiliza la calculadora

- ¿Cuál es el volumen de un contenedor de 20 pies?
- ¿Qué capacidad tiene el interior de un contenedor?
- ¿Qué volumen de carga, en metros cúbicos, puede transportar el *Mærsk Mc-Kinney Møller*?
- La pirámide de Keops tiene un volumen de 2,6 millones de metros cúbicos. ¿Cuántas veces tendría que descargar el *Mærsk Mc-Kinney Møller* para alcanzar el volumen de la pirámide de Keops?

- Un turismo normal mide unos 450 cm de longitud. ¿Cuántos coches hay que poner en línea para superar la longitud del barco?
- Un nudo equivale a 1.852 m/h. ¿Cuál es la velocidad del barco en kilómetros por hora?

Trabaja en equipo

- Si colocásemos todos los contenedores que transporta el *Mærsk Mc-Kinney Møller* en línea recta, ¿qué longitud conseguiríamos?
- Abrid el programa Google Earth y localizad el colegio. Utilizad la herramienta "regla" y hallad hasta dónde llegaría la hilera formada por los 18.270 contenedores.
- Comprobad que esta hilera llegaría desde Valladolid a Salamanca.

Galea

Es un barco construido para transportar gas metano. Mide de 290 m de longitud y sus depósitos son cinco esferas de 37,5 m de diámetro.

- Calcula el volumen de cada uno de los depósitos esféricos del *Galea.*
- Halla la capacidad total de los cinco depósitos del barco.
- ¿Qué diferencia de capacidad de carga hay entre el *Mærsk Mc-Kinney Møller* y el *Galea*?

Mozah

Es el barco más grande del mundo construido para el transporte de gas. Su capacidad de carga es de 266.000 m^3. Zarpó por primera vez en 2008.

- El *Mozah* mide 55 m más que el *Galea.* ¿Cuántos metros mide?
- ¿En cuántos metros cúbicos supera la capacidad de carga del *Galea*?

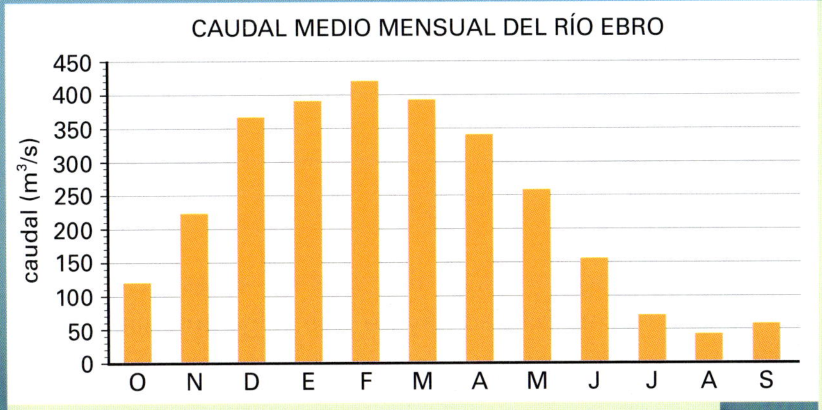

El caudal del río Ebro varía a lo largo del año. En invierno lleva más cantidad de agua que en verano.

- ¿Qué significa que el caudal del río Ebro en el mes de noviembre es de 220 m^3/s?
- ¿Cuánto tiempo necesitaremos para llenar el *Mozah* con una aportación de agua igual al caudal del Ebro en el mes de febrero? ¿Y con una aportación igual al caudal de agosto? Expresa los resultados en horas, minutos y segundos.
- El río Guadalhorce, cuando pasa por Málaga, tiene un caudal de 8 m^3/s. ¿Cuántas horas, minutos y segundos se necesitarían con este caudal para llenar el *Mozah*?

Evalúo mis logros

Escoge la opción correcta y anota la letra correspondiente en el cuaderno:

1. ¿Cuál de las capacidades siguientes no es equivalente a 250 cL?

(A) 2,5 L (C) 0,25 hL
(B) 2.500 mL (D) 0,0025 kL

2. ¿Cuál es la amplitud del ángulo $\hat{A}$?

(A) 123°
(B) 27°
(C) 23°
(D) 95°

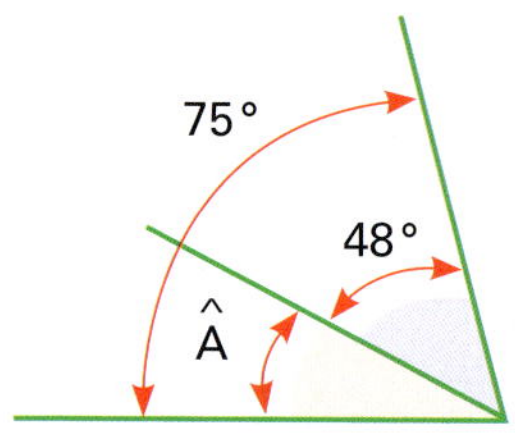

3. ¿Cuántos centímetros mide el perímetro de esta figura?

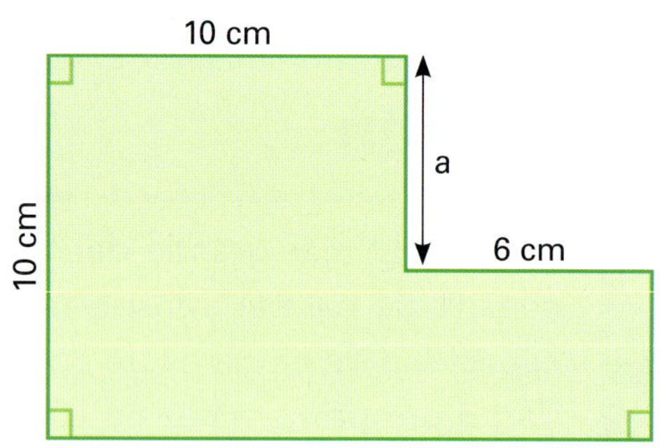

(A) 26 (B) 36 (C) 42 (D) 52

4. Si el lado a de la figura anterior mide 5,5 cm, ¿cuál es el área de la figura?

(A) 127 cm^2 (C) 128 cm^2
(B) 370 cm^2 (D) 380 cm^3

5. Los dos triángulos siguientes son semejantes. ¿Cuánto mide el lado b?

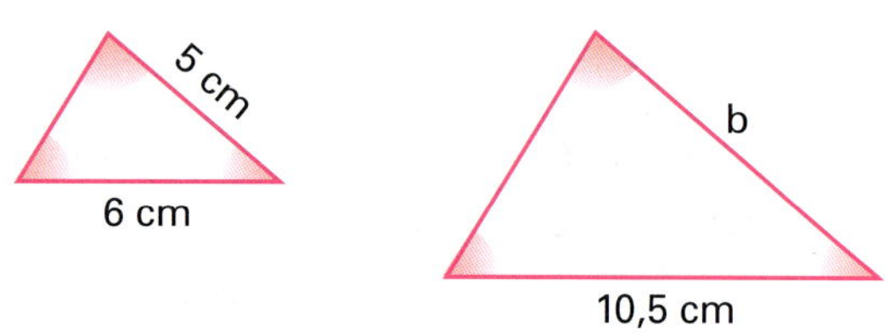

(A) 8,75 cm (C) 12,6 cm
(B) 9 cm (D) 15 cm

6. ¿Cuál es el área de un hexágono regular de 6 cm de lado y 5,2 cm de apotema?

(A) 15,6 cm^2 (C) 93,6 cm^2
(B) 187,2 cm^2 (D) 78 cm^2

7. ¿Cuántos cubos caben dentro del recipiente?

(A) 90
(B) 120
(C) 108
(D) 100

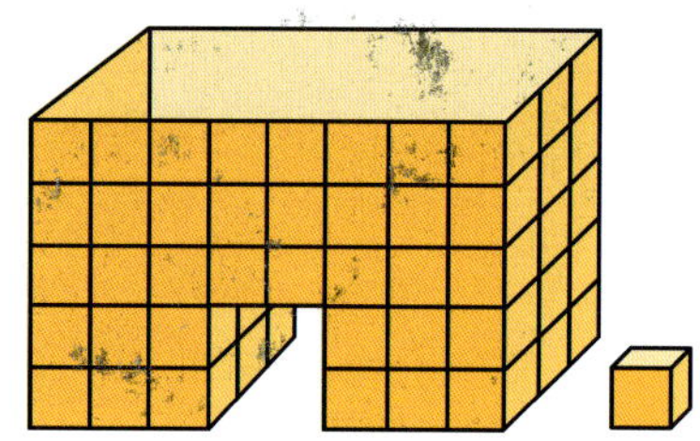

8. ¿Cuántos litros caben en este recipiente?

(A) 240 L
(B) 2.400 L
(C) 24.000 L
(D) 240.000 L

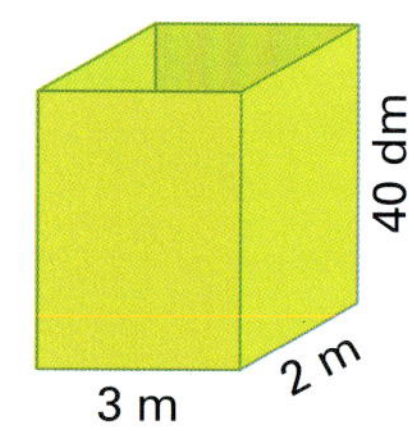

9. ¿Cuál es la media aritmética de estos datos?

51,2	53,5	57,3	47,8	56,5	48,7

(A) 50,5 (B) 52 (C) 52,5 (D) 53

10. ¿Cuál es la mediana de esta serie de datos?

1	5	4	7	9	3	10	2	4

(A) 3 (B) 4 (C) 5 (D) 7

11. ¿Cuál es la moda de los datos siguientes?

4	2	3	7	6	5	4	3	3	2	4	3

(A) 3 (B) 2 (C) 4 (D) 5

12. Cogemos sin mirar una de estas bolas. ¿Qué probabilidad hay de que salga amarilla?

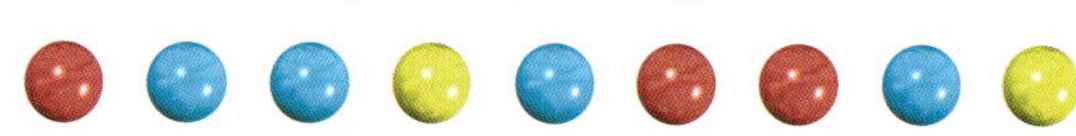

(A) $\frac{9}{2}$ (B) $\frac{2}{3}$ (C) $\frac{2}{9}$ (D) $\frac{4}{9}$

Anota en el cuaderno la opción correcta y resuelve:

13. Un eclipse de luna empezó a las 22.34 h y terminó a la 1.14 h. ¿Cuánto duró?

- (A) 23 h 48 min
- (B) 3 h 20 min
- (C) 4 h 48 min
- (D) 2 h 40 min

Explica cómo lo has resuelto.

14. ¿Cuál es el volumen del prisma?

- (A) 16,75 cm^3
- (B) 27,5 cm^3
- (C) 110 cm^3
- (D) 275 cm^3

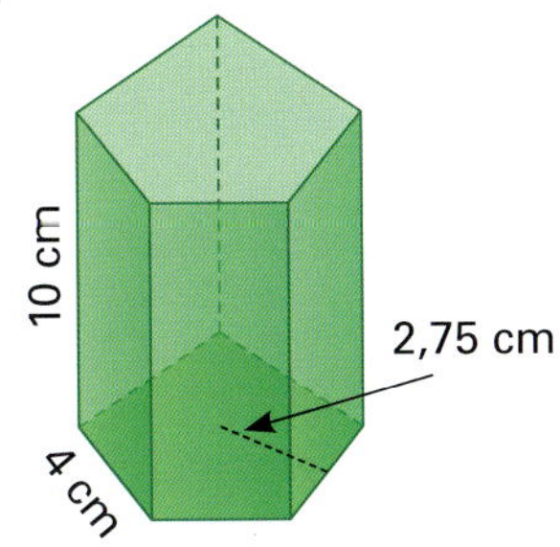

Explica los pasos que has seguido para resolverlo.

15. Un cilindro tiene un volumen de 357 cm^3. ¿Cuál es el volumen de un cono con el mismo radio y la misma altura que el cilindro?

- (A) 119 cm^3
- (B) 178,5 cm^3
- (C) 1.071 cm^3
- (D) 357 cm^3

Explica cómo lo has resuelto.

16. Juan ha comprado billetes de ida y vuelta de Barcelona a Tenerife en vuelo directo. Mira la hora de salida y de llegada de los vuelos y di cuál es la duración de cada uno:

vuelo	salida	llegada
BCN-TFN	20.15	22.40
TFN-BCN	19.30	23.45

- (A) ida 2 h 25 min y vuelta 4 h 15 min
- (B) ida 3 h 25 min y vuelta 4 h 15 min
- (C) ida 3 h 25 min y vuelta 3 h 15 min
- (D) ida 4 h 25 min y vuelta 4 h 15 min

Razona los resultados.

Resuelve en el cuaderno:

17. El cuadrado rojo tiene lados de 2 cm. Su diagonal, AB, es uno de los lados del cuadrado azul, tal y como se indica en la figura.

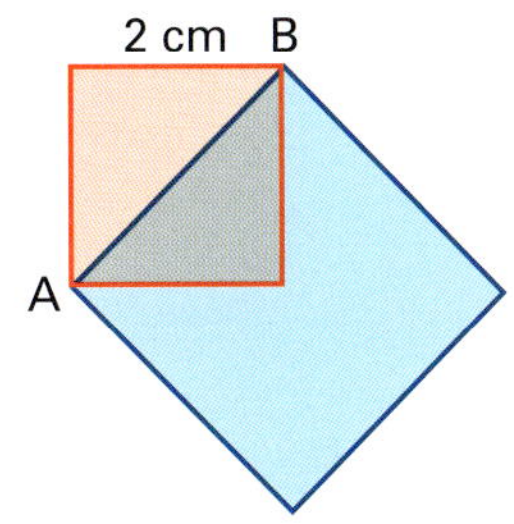

Calcula:

a. El área y el perímetro del cuadrado rojo.

b. El área del cuadrado azul.

c. El perímetro del cuadrado azul.

Explica cómo lo has calculado.

18. Calcula el perímetro y el área de la zona coloreada en la figura:

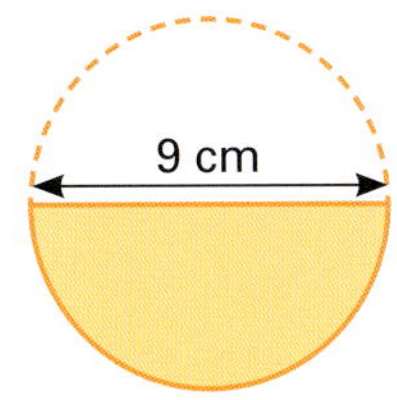

19. El gráfico muestra el tiempo que ha dedicado Laura a estudiar y a ver la televisión:

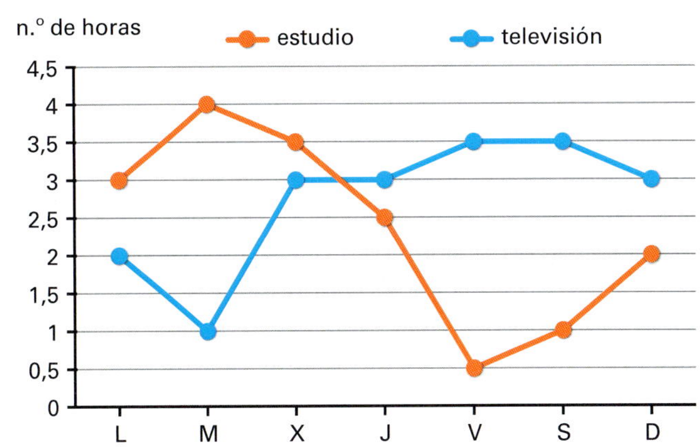

a. ¿Qué día ha dedicado más tiempo al estudio?

b. ¿Qué día hay más diferencia entre el tiempo dedicado al estudio y a ver la televisión?

c. ¿Qué días dedica casi el mismo tiempo a las dos ocupaciones?

d. ¿Qué día ha dedicado menos tiempo al estudio?

e. ¿Qué día ha dedicado más tiempo a las dos actividades en conjunto? ¿Cuánto?

- Las actividades contenidas en este libro han de realizarse en un cuaderno aparte.
- Los espacios incluidos en las actividades son meramente indicativos y su finalidad es didáctica.

Este libro está impreso en papel ecológico reciclable y con tintas exentas de elementos pesados solubles contaminantes. Directiva Europea 88/378/UE, norma revisada EN/71.

Primera edición, 2015

Depósito Legal: B. 25.385-LVII/ N.º de Orden V.V.: FP65.

IMPRESO EN ESPAÑA. PRINTED IN SPAIN.